入門 モータ設計

仕様を定めるために知っておきたい設計の基本

森本 雅之 著

森北出版

はじめに

本書ではモータの設計を解説している．すなわち，モータの設計がどのように進められているのか，どのような設計計算をするのか，設計上の制約にはどのようなものがあるのか，などを述べている．本書の目的は，モータに関連するエンジニアがモータの設計というものを理解することである．この本のとおりにやれば設計できる，という設計手順を説明しているハウツー本ではなく，設計の考え方を述べている．

モータの設計は「設計学」ではなく，「設計術」である．つまり，ハウツー本，マニュアル，手順書などがあれば，設計作業の手順は習得できる．しかし，「術」なので，頭で理解するのではなく，体得しなくてはならない．なぜそうなるのか，ではなく，やり方を体得するのである．モータを製造しているメーカには，それまでの積み重ねによる社内向けの設計マニュアルがある．つまり，新入社員でも設計手順が習得できる仕組みになっている．しかし，モータメーカのエンジニアでも，設計マニュアルを改訂，改良できるレベルまで理解している「免許皆伝」クラスのエンジニアはそれほど多くないのではないかと思う．

近年，組み込み用のモータが増加している．そのため，カスタム仕様のモータをメーカに依頼して購入するビジネスが増えている．このような場合，モータの要求仕様を作成し，メーカに設計，製造を依頼することになると思う．このような業務を担当するエンジニアには，要求仕様の策定のための基礎知識を得ること，すなわち，設計上の制約を理解することが必要とされる．つまり，現実的で無いものねだりになっていない仕様を作る必要がある．そのためにはモータの設計というものに対する理解がどうしても必要となる．

モータについては大学，高専の「電気機器」で原理や基礎理論は学習する．しかし，近年のカリキュラムでは，その次の段階の履修となる「電機設計」に関する講義が姿を消しつつある．すなわち，設計について，学校で学んだことがないエンジニアが増えているのが現状である．

はじめに

これまでに多くの電気機器の設計書が出版されており，それらはいずれも優れた専門書である．それらに従って設計を進めれば設計できるように説明されている．しかし，電磁気的な設計に重点が置かれており，モノづくりの観点からのモータの設計法はあまり示されていない．また，なぜそうなるのか，などの設計の考え方についてもそれほど説明されていないように思う．計算式を示さずに，表やグラフで数値を示すことにより，設計が容易に進むようになっていると考えてもよい．したがって，数値などの意味するところを推測しがたいこともある．

モータは，電磁気的な設計ができたら，後は機械設計に任せ，製造は現場に任せる，というようなことでは成り立たない．電磁気的に成立する設計でも，実際にモノとして成り立つのか，という知識，知見が必要になる．

繰り返しになるが，本書は設計術を述べているのではなく，設計の考え方を述べている．つまり，モータ設計者のための本ではなく，モータ関連のエンジニアにモータの設計を理解してもらうための本である．

なお，本書では多くの経験式を示している．それらの係数については，各種の単位系が使われてきていたことなどがあり（たとえば，長さが cm や mm の場合や，磁気に関して cgs 単位系を用いていることなど），本書内では SI 単位に統一するように努めたが，必ずしも係数や桁数などがそのまま使えないことがあるかもしれないことに注意していただきたい．

本書により，より良いモータが数多く製造され，モータを組み込んだ製品の機能，性能が向上するばかりでなく，モータ関連業界が盛業してゆくことを祈っている．

2021 年 12 月　森本雅之

目　次

コラム

記号表

記号	単位	名称
a_c	A/m	比電気装荷
B_1	T	磁束密度分布の基本波振幅
b_3	m	スロット開口幅
B_a	T	磁束密度分布の平均値
B_g	T	エアギャップ磁束密度，比磁気装荷
B_m	T	磁束密度の最大値（正弦波の波高値）
B_{rms}	T	磁束密度分布の実効値
B_t	T	ティース部の磁束密度
B_y	T	ヨーク部の磁束密度
D	m	回転子外径
d_d	m	ダクト幅
D_g	m	エアギャップ直径
D_i	m	固定子内径
D_o	m	固定子外径
d_t	m	ティース幅
d_{tg}	m	エアギャップ面でのティース幅
d_ρ	kg/m^3	密度
E	V	誘導起電力
F_C	N	遠心力
F_m	A	起磁力
g	m	エアギャップ長
h	W/(m^{2}K)	熱伝達率
H_d	A/m	反磁界
h_y	m	ヨーク幅
I	A	電流
J	T	磁気分極
k	W/(mK)	熱伝導率
k_C		カーター係数
k_d		分布係数
K_E	Vs/rad	起電力定数
k_p		短節係数
$k_{s\nu}$		斜めスロットの巻線係数
K_T	Nm/A	トルク定数
k_w		巻線係数
L	m	積厚（鉄心の軸方向長さ）
L_i	m	有効積厚
M	A/m	磁化，磁気モーメント
N	min^{-1}	毎分回転数
N		一般的な巻数
N_d		反磁界係数
N_p		1 極あたりのスロット数
N_{ph}		1 相の直列巻数．直列導体数の 1/2
N_{pp}		毎極毎相スロット数
N_R		回転子の全スロット数

記号	単位	名称
N_S		固定子の全スロット数
PA_c	アンペア回数	電気装荷，全アンペア導体数
p_c		パーミアンス係数
P_i	W	入力
P_m	Wb/A	パーミアンス
P_o	W	出力
$P\Phi$	Wb	磁気装荷，全磁束数
q_a	mm^2	導体断面積
R_m	A/Wb	磁気抵抗
R_{th}	K/W	熱抵抗
S	m^2	各種の面積
T	Nm	トルク
V_{ph}	V	相電圧
W_c	W	銅損
W_e	W	うず電流損
W_h	W	ヒステリシス損
W_i	W	鉄損
Z		導体数
ZI	アンペア回数	アンペア導体数
Z_{ph}		1 相の直列導体数
Z_{slot}		1 スロットあたりの導体数

記号	単位	名称
γ		装荷分配定数
δ	rad	同期機の内部相差角
Δ	A/mm^2	電流密度の上限（SI 単位では A/m^2）
η	%	効率
θ_S	rad	斜めスロット角
λ		比パーミアンス係数
μ_0	N/A^2	真空の透磁率（1.26×10^{-6}）
μ_s		比透磁率
ρ	Ωm	抵抗率
σ_m		（永久磁石の）漏れ係数
τ_C	rad，m，スロット数	コイルピッチ
τ_P	rad，m，スロット数	極ピッチ
τ_S	rad，m	スロットピッチ
Φ	Wb	1 極の磁束数
Φ_m	Wb	磁束の最大値（正弦波の波高値）
Ψ	Wb	磁束鎖交数
ω	rad/s	（角）回転数

なお，本書では三相モータを基準としているので，相数については例外を除き，すべて 3 という数値を式中に表している．

1 モータとは

まず最初に，設計の対象とするモータとはどんなものかについての概要を述べる．ここでは，設計という立場から考えた，モータの歴史，種類，性能などについて述べる．

1.1 モータの歴史

モータの歴史は電流の磁気作用の発見の直後にまでさかのぼる．磁気作用の発見に続き，磁気作用を利用した電磁石が発明された．さらに，磁気力を使った回転運動の実現が種々試みられた．

まず，電磁石の吸引を使った連続回転運動が実証された．しかし，電磁石の吸引ではトルク変動が大きく，また，1 次電池を使う限り動力源としては考えられていなかった．そして，1 次電池に代わるものとして電磁誘導を利用した発電機の開発に注力され，直流発電機が発明された．その後，発電方式として水力発電が実用化し，電気エネルギを動力源として利用するようになった．

直流モータは発電機の接続ミスにより発見されたといわれている．1890 年頃には数馬力の直流モータが製作されるようになり，動力源として利用されていった．また，各種の原理の交流モータが発明され，1888 年にはテスラの誘導モータの特許が出願された．

このような，各種のモータの歴史をまとめると図 1.1 のようになる．図からわかるように直流モータ，同期モータ，誘導モータが古くから実用化されている．モータの技術は，この 3 種のモータを中心に発展してきた．いわゆる「電気機器」で主に扱うモータは，この 3 種である．しかし，これら以外の各種のモータも古くから試作され，学術的には実証されていた．これらはパワーエレクトロニクスが発展する以前は，限定的にしか使われていなかった．また，

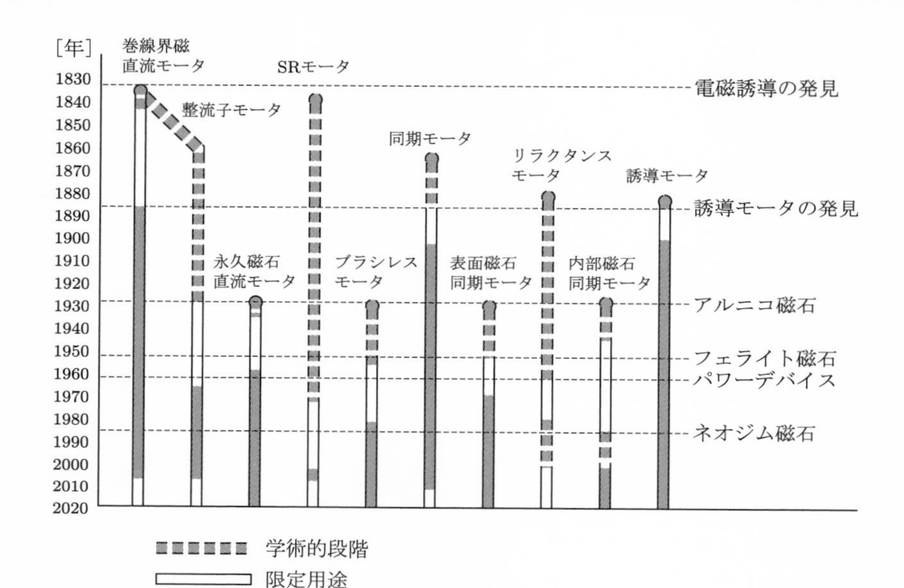

図 1.1　モータの発展の歴史

パワーエレクトロニクスの発展以前は，モータは用途により使い分けられていた．表 1.1 に示すように，動力用，定速回転用，制御用と区分されていた．ファン，ポンプなどの動力を供給するために誘導モータを使い，定速回転を得るためには同期モータを使った．いずれも商用電源で直接駆動する．回転数を制御するためには直流モータを使い，直流電圧を調節する．パワーエレクトロ

表 1.1　パワーエレクトロニクス以前のモータの分類

分類	電動機種類	制御法	主な技術課題	当時の主な用途
動力用モータ	誘導モータ	極数変換，タップ切換	始動電流	洗濯機，扇風機，ポンプ
定速回転用モータ	同期モータ	減速器による切換	単相電源	レコードプレーヤ，電気時計，モータタイマ
制御用モータ	直流モータ	直流電圧の制御	ブラシ	エレベータ，クレーン，電車

ニクスの出現以前は，交流電力を制御するのが難しく，制御が容易な直流電力を使うのが制御用モータであった．

この，動力用，制御用という区分はパワーエレクトロニクスでモータを制御するようになっても同じように考えることができるので，現在でも，モータの選定をこの区分で行うことも多い．

20 世紀の最後に，永久磁石とパワーエレクトロニクスが目覚ましい発展を遂げた．これにより，それまで限定的な用途で使われていた多くの種類のモータが広く利用されるようになってきた．たとえば，ブラシレスモータは永久磁石を使い，パワーエレクトロニクスで駆動することを前提としたモータである．このように，現在のモータはパワーエレクトロニクスで駆動するのは当たり前のことになっている．

モータを制御して使う，というモータの使い方の変化のほかに，モータそのものの進歩も大きい．たとえば，1910 年に日本人が初めて設計製作したといわれている誘導モータは 5 馬力モータと呼ばれているが，これと同出力の約 100 年後の現在の誘導モータは，体積が約 1/6 になっている．また，1964 年に開業した東海道新幹線のモータは出力 185 kW で重量 876 kg（直流モータ）であったが，約 50 年後に N700 A に搭載されたモータは出力 305 kW で重量 394 kg（誘導モータ）となり，出力密度（kW/kg）は 4 倍近くまで増加している．このような進歩は，モータ形式，制御方式，材料，設計法など，さまざまな要因によるものであるが，これらを総合して，モータの技術そのものが大きく進歩していると言って間違いない．

モータは古い技術であり，枯れた技術のように思っている方もいると思うが，決してそんなことはない．現在，世界の技術は IoT，スマート化などの方向に進んでいる．そのような方向に進んでゆくと，それを実現するためのアクチュエータが必要となる．つまり，モータの用途が広がってゆくのである．現在は，ある特定の用途だけを考えた専用のモータを開発してゆく動きも広がっている．さらに，インバータとモータの一体化，可変磁束モータ，モータのモジュール化など，さまざまなキーワードで新しいモータが探索されている．

1.2　各種のモータ

モータを電気エネルギから運動エネルギに変換するエネルギ変換器として捉えると，モータの動きから分類することができる．回転運動に変換するのが回転型モータである．また，直線運動に変換するのがリニアモータである．さらに，吸引力，保持力に変換するのがアクチュエータである．これらについて表 1.2 に示す．いずれも，電磁力の利用を基本としており，原理までさかのぼると，共通な技術と考えることができる．しかし，モノとして考えるとかなり異なる．なお，本書ではこのうちの回転型モータのみを扱ってゆく．

表 1.2　動作からの分類

名称	運動	利用する力	モータの呼称の例
モータ	回転運動	トルク	一般的にいわれるモータ
リニアモータ	直線運動	推力	リニア誘導モータ，リニア同期モータ，リニアステップモータなど
アクチュエータ	吸引，反発など	吸引力，保持力，トルク	電磁石，ボイスコイルモータ，マグネットスイッチ（リレー）

モータの分類として古くから行われているのは表 1.3 に示す電源による分類である．前節で述べたように，パワーエレクトロニクス以前は交流で使うのか，直流で使うのか，ということがモータの選定での重要な条件だった．現在は，パワーエレクトロニクスを使えば，直流でも交流でも望みの電力形態に変換することができるようになっている．しかし，この分類は，モータの端子に加わる電力形態という意味で捉えれば，現在でも利用できる分類である．また，設計の立場からは，この分類でモータを考えるのが適している．

モータの形状からの分類を図 1.2 に示す．一般的なモータは内側の円筒形の回転子が回転するインナーロータタイプである．このタイプはエアギャップの磁束の方向がラジアル（半径）方向を向いているので，この構成をラジアルギャップと呼ぶ．これに対し，円盤状のディスク型の回転子を対向させる構成をアキシャルギャップと呼ぶ．磁束がアキシャル（軸）方向を向いている．この場合，一つの固定子に対し，両側から二つの回転子を用いることができる．

表 1.3　電源によるモータの分類

電源による分類	構成	磁気的構成	名称	略称
直流	巻線界磁	直列接続	直巻直流モータ	DCM
		並列または別電源	分巻直流モータ	
	永久磁石界磁		永久磁石直流モータ	PMDCM
交流（正弦波）	同期機	巻線界磁	同期モータ	SM
		永久磁石界磁	表面磁石形同期モータ	SPMSM
			内部磁石形同期モータ	IPMSM
		界磁なし	リラクタンスモータ	SynRM
	非同期機	かご形巻線	誘導モータ	IM
特殊波形（交流または脈流）		ブラシレスモータ	ブラシレスモータ	BLM
		突極	SR モータ	SRM
		PM，VR，HB	ステッピングモータ	

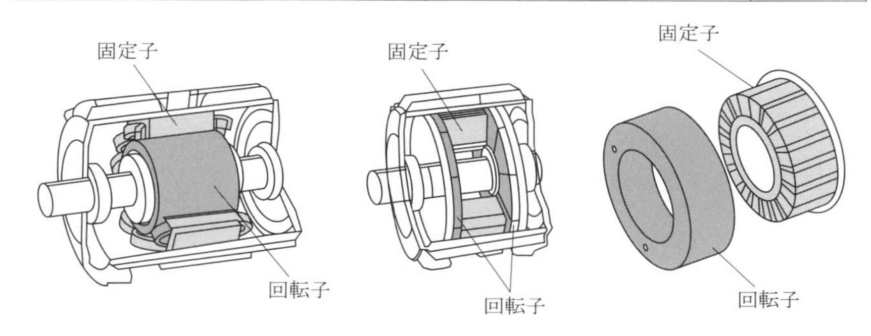

図 1.2　モータの形状からの分類

また，アウタロータは，ラジアルギャップであるが，回転子を外側に配置したものである．アウタロータは機械的には固定子，回転子が逆ではあるが，電磁気的にはラジアルギャップのモータと同一と考えてよい．

このほか，モータの構成要素からの分類も可能である．表 1.4 に示すように，回転要素，界磁の種類，回転子の種類，ブラシの有無などからの分類も可能である．界磁はモータの磁界を作り出す機能であり，電機子は電気エネルギと運動エネルギの変換を行う機能を指している．そのため，モータは回転界磁と回転電機子に分類される．モータに必要な磁界を巻線電流により得るのが巻

表 1.4　構成によるモータの分類

構成要素	種類	モータの例
回転要素	回転界磁	永久磁石同期モータ
	回転電機子	直流モータ，誘導モータ
界磁	永久磁石界磁	直流モータ，ブラシレスモータ
	巻線界磁	直流モータ，同期モータ
回転子	永久磁石（界磁）	直流モータ
	巻線（界磁，電機子）	直流モータ，同期モータ，巻線形誘導モータ
	かご形巻線	かご形誘導モータ
ブラシ	ブラシあり	直流モータ，同期モータ，巻線形誘導モータ
	ブラシレス	ブラシレスモータ，かご形誘導モータ，永久磁石同期モータ
鉄心	鉄心あり	
	鉄心なし（空心コイル）	コアレスモータ
誘導子	誘導子あり	リラクタンスモータ，ステッピングモータ
	誘導子なし	

線界磁であり，永久磁石を利用するのが永久磁石界磁である．また，誘導モータは回転子の巻線を短絡し，短絡巻線に電磁誘導される電流を利用する．そのため，巻線形回転子とかご形回転子がある．このほか，回転子に電流を供給するためには固定子側にブラシ，回転子側には整流子，またはスリップリングが必要となる．ブラシを必要としないモータは誘導モータを含めて広い意味でブラシレスモータと呼ばれる．このほか，鉄心の有無，磁束を導く誘導子の有無などでも分類できる．さらに，モータの原理からも分類できるが，それについては第 3 章にて述べることにする．

1.3　モータの性能

モータの機能は回転してトルクを出力することである．出力 P_o [W] はトルク T [Nm] と回転数 ω [rad/s] の積であり，次のように表される．

$$P_o = T\omega \tag{1.1}$$

磁束密度 B [T] の磁界に直交した電流 I [A] を流すことにより得られる電磁力 F [N] は，次のように表される．

$$F = B\ell I \tag{1.2}$$

ここで，ℓ は導体の長さである．電磁力は回転運動の接線方向を向いた力であり，回転半径 r [m] との積がトルクになる．

$$T = Fr \tag{1.3}$$

このことから，モータの出力は次の各要因から決まってゆくことがわかる．

(1) 回転数 ω
(2) 回転半径 r
(3) 磁束密度 B
(4) 電流 I

このうち，回転数はモータの使用条件から決まるもので，モータそのものの性能ではない．回転半径とは回転子の半径であり，モータの大きさそのものである．磁束と電流はモータの大きさにより決まる．モータが大きいほど，磁束数も電流も大きくできるはずである．つまり，モータの大きさ（導体の長さ ℓ，半径 r）の要因により磁束，電流が異なる．モータを設計することは，磁束と電流を設計することであり，それを実現するためにモータの大きさを決めてゆくことである．

一方，モータの性能は，トルクを発生するというモータの機能とは別に設定される．モータの性能は機能を果たしたうえで，効率，力率，過負荷耐量，温度上昇などで表される．モータの性能で特に重視されるのが効率である．効率 η は入力 P_i と出力 P_o の比率であり，次のように表される．

$$\eta = \frac{P_o}{P_i} \times 100 = \frac{P_o}{P_o + P_{loss}} \times 100\,[\%] \tag{1.4}$$

すなわち，図 1.3 に示すように，効率を決める要因は損失 P_{loss} である．

モータの損失の大半は銅損，鉄損，機械損である．銅損は巻線に電流を流すことにより生じるジュール熱である．銅損 W_c は導体の抵抗を r，電流を I と

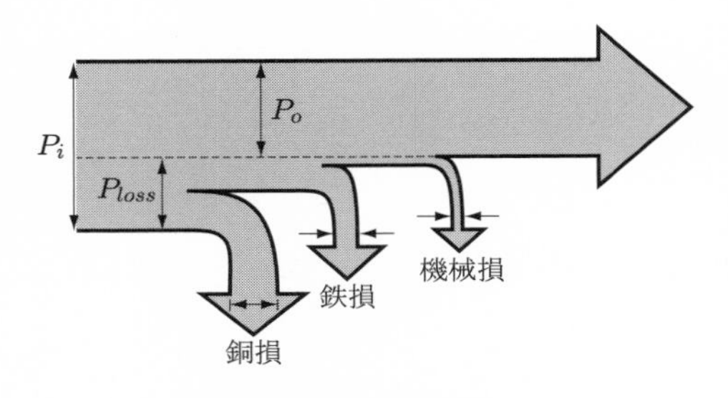

図 1.3　モータ効率

すれば，次のように表される．

$$W_c = I^2 r \tag{1.5}$$

ここで，銅損を正確に表すためには次のような点を考慮する必要がある．まず，抵抗値については，直流抵抗値を用いることが多いが，表皮効果，近接効果などによる交流抵抗を用いることも考えられる．電流に高周波成分を含んでいる場合にはそれも考慮する必要がある．また，電流の値についても，高調波成分を含んだ実効値を用いなくてはならない．その場合，周波数ごとの交流抵抗値と電流成分をそれぞれ用いるのか，などの考察が必要である．

鉄損は鉄心中の磁界が交番することにより生じる発熱である．すなわち，直流では存在しない損失である．磁界が交番することにより，磁性体はヒステリシスループを描く．このループの面積が交流 1 周期の鉄損を表している．

鉄損はヒステリシス損失とうず電流損失に分解される．ヒステリシス損失は，磁界が交番するとき，内部の磁区の方向を変化させるために必要なエネルギと考えることができる．うず電流損失は磁束の変化による誘導起電力により磁性体内部に流れる，うず電流により生じるジュール熱である．

鉄損 W_i はヒステリシス損失 W_h とうず電流損失 W_e を使って，次のように近似して表される．

$$W_i = W_h + W_e = K_h f {B_m}^2 + K_e f^2 {B_m}^2 \tag{1.6}$$

ここで，f は周波数，B_m は正弦波磁束密度の最大値（波高値）である．なお，K_h はヒステリシス損失係数，K_e はうず電流損失係数である．

ヒステリシス損失は鉄心材料の物性値で決まるが，うず電流損失は鉄心材料の抵抗率だけでなく，使用する鋼板の厚みにも関係する．さらに，鉄心加工，モータの組み立てなどによる変形や残留応力などにより鉄心材料の磁気特性が変化して，鉄損が増加することも忘れてはならない．

機械損は風損，軸受損などであり，モータの機械的な性能を表している．

以上のように，モータの出力と性能はすべて設計の結果で決まる，ということである．設計の結果とはモータの大きさが決まることである．しかし，モータ設計の目的は寸法の決定ではなく，性能の決定である．さらに，設計には使用する材料の性能も大きくかかわっている．設計にあたっては，材料の進歩には常に注意する必要がある．

数値例†

電気学会の D2 モデル（誘導モータ）では下記の数値を用いている．

$$K_h = 4.337 \times 10^{-2}$$

$$K_e = 4.587 \times 10^{-4}$$

（電磁鋼板は 50 A 1300 相当）

† 本書では，適宜，数値例を示すが，用いる各数値は，巻末に示す電気学会のベンチマークモデルを用いている．

2 モータの設計とは

本章では，モータの設計とはどんなものなのかを，設計の具体的な中身ではなく，モータ設計というものを外部から見た，客観的な立場で説明する．モータ設計の目的，難しさ，さらに設計のレベルについて述べる．

2.1 モータの設計で何をするのか

設計とは「何を作るか，どうやって作るか」を説明するために図面（設計図）を作成することと考えられている．では，実際にモノづくりではどのような図面が使われているのであろうか．電気回路の場合，まず回路図がある．回路図はその回路の機能を表しており，そこから回路の動作や性能を求めることができる．しかし，回路図だけで回路を製造することはそれほど簡単にはできない．実際に製造するためには接続図，結線図，実装図などが必要である．

機械の場合，図 2.1 に示すような形状が描かれた図面を使って製造する．部品ごとに図面があり，部品を組み合わせた形の組立図がある．図面からは機械全体の機能や動きはなかなか推定できないが，図面により製造が可能である．

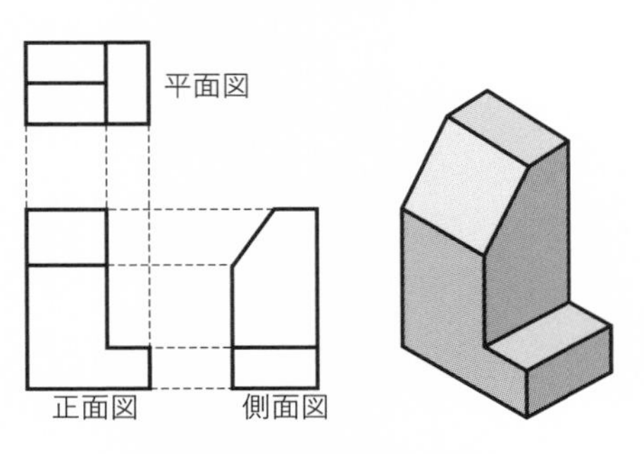

図 2.1　第三角法による図面

制御の場合はどうであろうか．制御設計と呼ばれているのは，一般には制御式を製作することである．制御式により制御系の動作が解析できるので制御性能の評価ができる．しかし制御式から，そのまま制御ソフトウェアを製作することは難しい．ソフトウェアの製作にはフローチャート，制御仕様書などによるもう一段の分解が必要である．

このように単に設計と呼ばれる作業であっても，分野，応用により内容は異なる．しかし，いずれの分野でも，設計とは機能，性能，仕様を満たすことを目的として，それを具体化するための図面，資料を作成することという点では共通している．仕様，性能，機能は目標であり，設計はそれを実現するためのプロセスである．機能，性能，仕様の違いについて表 2.1 に示す．

表 2.1　機能，性能，仕様

機能	製品が果たす役割．文章で記述．
性能	仕事をなしうる能力．数値で記述．
仕様	やり方，方法，手段．文章と数値で記述．

では，モータの設計はどのようなことを行うのであろうか．モータは磁界中に電流を流すことにより電磁力を発生させるのが基本原理である．すなわち，磁界をどのように発生させ，分布させるかを考える必要がある．たとえば，永久磁石の磁界を使うのか，コイルに電流を流して磁界を発生させるのかであり，その磁界をどのように配置するのかを決めなくてはならない．電流をコイルに流すことになるが，コイルの巻数はいくつにするのか，どのように巻くのか，巻かれたコイルをどのように配置するのかを決めなくてはならない．また，コイルは鉄心に巻くので，鉄心の形状が決まらないとコイルに必要な導体の長さも決まらない．

磁界と電流だけでなく，電圧も設計段階で考える必要がある．モータの速度起電力が端子電圧より低くないとモータに電流を流すことができない．モータで生じる速度起電力と，そのモータの使用から決まる端子電圧（電源）との関係を明らかにしなくてはならない．また，銅損，鉄損などの損失を求めて，与えられた効率が達成できるかを検討しなくてはならない．さらに損失から温度上昇を予測することも必要である．このように，モータの設計では，磁界，電流といった電磁気的なことだけでなく，関連する多くのことを検討してゆくことになる．

しかし，モータの設計で最も大切なことは，設計したモータが実際に製造できることである．モータは鋼板を積層し，コイルを巻いて製造する．できあがったモータは，金属の塊ではない．鉄心，コイル，絶縁材が組み合わされており，各部に隙間がある．このような隙間は製造法から決まってくる．このようなことを考慮して図面を作成しなくてはならないが，図面で表せない要因も残ってしまう．図面で表されない点までを考慮したうえで製造可能な図面を作成するのがモータの設計である．

2.2　モータの設計がなぜ難しいか

モータメーカでは，当然のことながらモータの設計を行っている．また，大学などの研究開発でも試作モータの設計が行われている．そこでは，設計マニュアルや，先輩からの伝承などにより設計手順やノウハウなどが引き継がれていると考えられる．では，全くモータの設計を行ったことがない人が，設計書を参考にして設計できるのだろうか．答えは，ノーではないが，なかなか難しいと言えると思う．設計はできるが，思いどおりのモータにはなかなかならない．初心者がモータの設計を始めるのはいささかハードルが高いのである．

モータの設計が難しい理由の一つにモータの発展の経緯がある．モータは理論ができる前にモノが発明された．モータの誕生の基礎となったのは 19 世紀に明らかにされた各種の電磁気の法則である．しかし，これらの法則からモータの理論が展開され，それに従ってモータができあがったわけではない．電磁気の法則は基本原理として利用しているが，法則からモータができあがったのではない．様々なアイデアが発明として考えられ，モータが実現した．モータはそれらの，モノとしての工夫や組み合わせ技術により発展してきている．モータの理論は解析のためのものであり，モノに合わせて後から理論展開されたものである．もちろん，解析結果と現実のモータの性能との乖離を埋める努力は行われている．しかし，モータ理論を深く追求してもモータの設計がうまくできるわけではないのである．

現在の多くの工業製品は，まずサイエンスによって，基礎理論が確立される．理論的な可能性を明らかにしたうえで，それに向かってモノを開発してゆくことが多い．そのため，多くの場合には理論限界性能が明らかである．技術開発は理論限界に向かって進んでゆく．しかし，モータの性能には理論限界がない．

モータの設計に関する教科書，専門書は古くから出版されているが，その多くは，古典的な直流機，誘導機，同期機に関するものである．しかも高圧の大出力機を中心としている．もちろん，そこに示されている手法，考え方は設計にあたっての基本であり，大変参考になるものである．しかし，各種の経験的係数を図や表から拾わなくてはならないことが多い．また，計算手順は示されているものの，各数値の関係までは説明していないことが多い．さらに，材料の進歩により，設計書に示されている各種の係数が現在の材料での数値と異なることも多い．

設計の教科書，専門書で述べられている手順，係数を使って，現在の中小容量の永久磁石同期モータの設計を直接行ってよいのかよくわからない，というのが一般的な感想であると思われる．ただし，最近になって，永久磁石同期モータの具体的な設計に関する書籍や記述も出現しているので，これらは参考にすべきである（参考文献 [1–3, 5]）．

モータの設計をさらに難しくしているのが，モータが総合技術により成り立っていることにある．モータの設計といえば，電磁気的な設計を行い，鉄心，巻線を決定するのが重要である．しかし，電磁気設計の結果をモノとして実現するためには多くの知見が必要となる．すなわち，回転機械なので，軸受，強度，振動などの機械としての設計を行う必要がある．また，長期にわたり絶縁を保つための有機材料の知見が必要であり，電磁鋼板などの磁性材料の知見も必要である．そのほか，製造法による限界があり，製造法に対応した設計でなくてはならない．

このようにモータの設計を実際に始めるには，いろいろなハードルを越えてゆかなくてはならない．本書では，そのハードルを越えるための考え方を順次解説してゆく．

2.3　モータの設計レベル

モータ設計のレベルを表 2.2 に示す．レベル 1 で示すカタログ選定は，モータのユーザが回転数，トルク，慣性モーメント，外形寸法などの必要な数値を決定し，その要求に合うようなモータをメーカの標準品から選定する段階である．標準品なので，要求にぴったり合うものは少なく，要求を満たすために，ややオーバスペックなモータを選ぶことになることが多い．しかし，メーカの標準品であり，外部仕様のみでモータが選定できる．

表 2.2　モータ設計のレベル

レベル	名称	内容	形態
1	カタログ選定	標準品の仕様と寸法から選定	モータ専門メーカから購入
2	要求仕様作成	標準品の改修の要求仕様書作成	
3	カスタム仕様	専用モータの仕様書作成	
4	電磁気設計	鉄心設計：鉄心寸法図（内外径とスロット形状の指定）	外注（製造の制約は含まない）
		巻線設計：巻線結線図，巻線仕様書	
5	機械設計	機械図面，冷却，強度，軸受	内製または外注
6	絶縁設計	信頼性，製造法	
7	生産設計	治工具設計	

レベル 2 で示す要求仕様作成は，それよりやや詳しく，仕様書として要求をまとめるものである．標準品からやや外れたような要求で，標準品の若干の仕様変更で製造できるものである．このような要求仕様に対して，メーカ側からは可否の回答がくるはずである．可否は，技術以外の様々な要因から決まることが多い．したがって，思いどおりのものが入手できるかはわからないが，要求に近いものが入手できる．

レベル 3 ではカスタム仕様のモータが実現できる．外形寸法，仕様などをすべて要求できる．この場合，設計の限界，製造の限界などから，すべての要求を満たせるモータをメーカが製造できるかどうかはわからない．仕様作成にあたって，必ず守るべき仕様と，実現するためには緩めてもよい仕様などの自由度をもつ仕様を作成することが望まれる．また，製造上から，金型，治工具などが必要になり，コストが増加する可能性もある．さらに，無いものねだりの仕様を提示してしまう可能性もある．ただし，この段階まではモータメーカがモータの品質，性能の責任をすべて負っている．すなわち，「購入品」として扱える．

レベル 4 では電磁気設計を行う．すなわち，鉄心の形状を決定し，寸法図を作成する．また，巻線仕様を決定する．電磁気設計は設計書を参考にすれば可能である．ただし，この段階ではモータの製造法による限界の具体的な知識が必要となる．製造可能な電磁気設計であれば，モータとして必要な軸，フレームなどの部品の設計はメーカが行い，製造可能である．しかし，製作したモータの性能，品質についてはメーカがすべて負うことは難しい．設計責任は発注者にもあるので，「外注」の形態と考える必要がある．あるいは，電磁気設計結果を設計ではなく，要求仕様として，具体的な設計はメーカが行う，という分担も考えられる．

レベル 5，6 ではモータとして必要な部品すべてを設計することになる．設計結果としては各部品の形状図を作る必要があるが，形状を決めるために，多くの計算，解析が必要となる．

レベル 7 は，モータを完全に内製することになる．入手した材料から必要な部品をどのように加工するかを製造設備の制約から決定する．さらに，材料の入手の可否も考慮する必要がある．製造数量が少ない場合，電磁鋼板，マグネットワイヤなどのモータの専用資材が必要な量だけ入手できるか，などまでを考える必要がある．

以上のように，単に設計といっても，いろいろな段階がある．モノづくりのひとつのプロセスとして設計があるので，製造までのすべてを含めて設計する必要がある．さらに，設計責任，品質責任などの製品責任をどこがもつのか，ということも考える必要がある．なお，モータの製造法については第 13 章に後述する．

本書では，モータの設計の手順と考え方を説明してゆくが，主にレベル 2 から 4 を行おうという読者に参考になるような知識を述べてゆくことになる．レベル 5～7 はモータメーカ各社の保有する経験や知識が必要であり，部外者にはすべて明らかになるものではない．設計，製造の経験で蓄積されてゆくことになる．

3 モータの原理から考えた設計

本章では，モータの原理から考えた設計について述べる．電気機器の教科書では原理式から理論式が展開され，理論式に基づいてモータを解析している．しかし，モータの設計で行うことは動作や性能の解析ではなく，各部の寸法の決定である．ここでは，モータの原理式，理論式と，それが設計にどのように関係するかを述べてゆく．

3.1 モータの基本原理

モータの基本原理はフレミングの法則により説明される．フレミングの法則を図 3.1 に示す．左手の法則は磁界中の電流の流れている導体に働く力の方向を示している．

磁束密度 B [T] の磁界に直交した電流 I [A] を流すことにより得られる電磁力 F [N] は，次のように表される．なお，ℓ は導体の長さである．

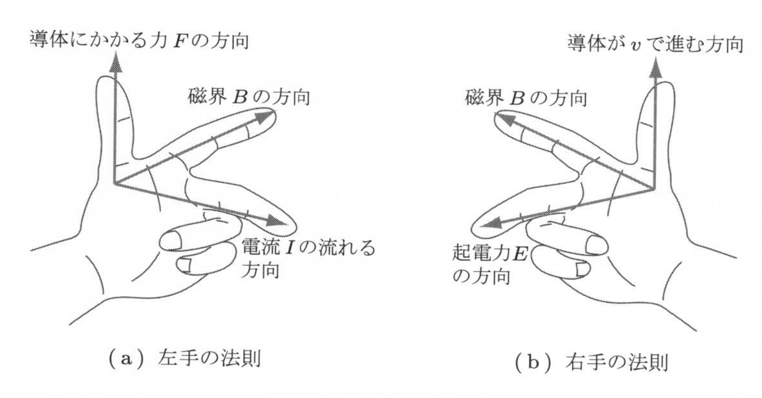

図 3.1　フレミングの法則

$$F = B\ell I \tag{1.2 再掲}$$

電流と磁界により発生する力は電磁力と呼ばれる．ローレンツ力ともいう．モータのトルクは導体の回転の接線方向に生じる電磁力により生じる．電磁力 F と半径 r [m] との積がトルクになる．すなわち，トルクの大きさは電流と磁束密度の直交成分の積で決まる．

モータで磁界を発生する部分を界磁と呼ぶ．界磁の磁束は永久磁石または巻線電流により得られる．また，トルク発生のために電流を流す部分を電機子と呼ぶ．電機子は電気エネルギと機械エネルギを変換する部分を指している．

右手の法則は磁界中の運動により導体に生じる起電力の方向を示したものである．電磁力により導体が回転すると導体が磁界中を運動することになる．起電力 E [V] は次のように表される．

$$E = B\ell v \tag{3.1}$$

ここで，v [m/s] は回転運動の接線速度であり，回転数に比例する．

導体の運動により誘導される起電力は，回転数に比例するので速度起電力と呼ばれる．外部からモータを回転させるために印加される電圧と逆方向に生じるので逆起電力と呼ばれることがあり，また，誘起電圧と呼ばれることもある．モータを考えるうえで忘れてはならないのがこの速度起電力である．

この二つの原理式から，モータの基本式が導かれる．発生トルク T は一般に次のように表される．

$$T = K_T I \tag{3.2}$$

K_T はトルク定数と呼ばれる．トルク定数は B と ℓ，すなわち，界磁の磁束，モータの大きさなどのモータの構造，構成から決まるモータごとの定数である．したがって，磁束密度を一定とすれば，トルクは電流に比例することになる．一方，速度起電力 E は次のように表される．

$$E = K_E \omega \tag{3.3}$$

ここで，ω は角回転数（rad/s）である．K_E は起電力定数と呼ばれる．起電力定数はトルク定数と同様に，界磁の磁束，モータの大きさなどのモータの構造，構成から決まるモータごとの定数である．したがって，磁束密度を一定とすれば，速度起電力は回転数に比例する．SI 単位系を用いれば

$$K_T = K_E \tag{3.4}$$

となる．モータの設計計算においては，ある段階で速度起電力を求めて，磁束密度，モータの大きさなどの設計結果をチェックすることが多い．

モータには，外部から印加する端子電圧 V と速度起電力 E の差に応じて電流が流れる．速度起電力 E より高い端子電圧 V を与えれば，V と E の差に応じた電流が流れ込むことになる．つまり，モータを運転するためには端子電圧 V を速度起電力 E より高くする必要がある．

モータに電流が流れる原理を等価回路で表すと図 3.2 のようになる．図において，$\dot{V}$ はモータに外部から印加する端子電圧，$\dot{E}$ は速度起電力，$\dot{Z}$ はモータのインピーダンスである．この回路から次のような電圧と電流の関係が導かれる．

$$\dot{I} = \frac{\dot{V} - \dot{E}}{\dot{Z}} \tag{3.5}$$

直流モータの場合，単純な電圧差として考えることができるが，交流モータの場合，互いに位相関係があり，それぞれベクトルとして考える必要がある．

ここまで述べたように，フレミングの法則によりモータの基本式が説明できる．しかし，フレミングの法則だけではモータの動作は説明できない．フレミングの法則では，磁界中の導体に力が生じる，と教えている．この説明では導体に力が生じることになる．導体は銅などの比較的柔らかい金属でできている

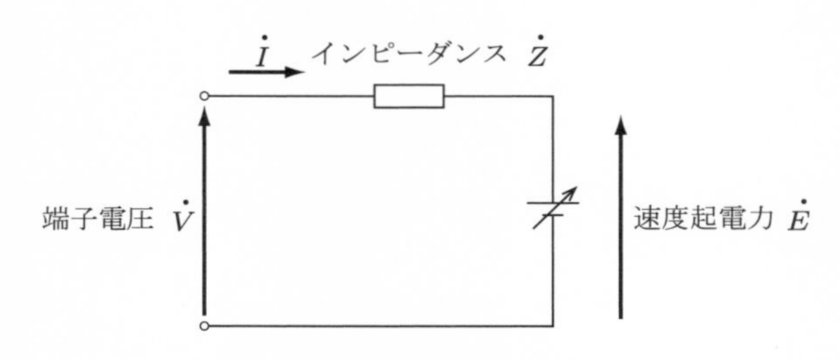

図 3.2 モータの電流と端子電圧

ので，電磁力が大きければつぶれてしまうはずである．また，導体が固定されていなければ，回転により，片側に寄ってしまうことになる．

さらに，フレミングの法則だけでは交流電流による電磁誘導が説明できない．交流モータには交流電流が流れるので，磁束が時間的に変化し，それによる変圧器起電力も生じているはずである．そのため，モータの基本原理は次の四つの力によって説明しなくてはならない．すなわち，速度起電力，変圧器起電力，ローレンツ力，およびマクスウェル応力である．

この四つの力を考慮してモータの原理を説明する．モータコイルが鉄心内部のスロットに配置されているとき，マクスウェル応力により鉄心に力が働く．モータの発生する力 F は導体に働く力と鉄心に働く力の合成となる．

いま，図 3.3 に示すように，透磁率 $\mu = \mu_s\mu_0$ の鉄心中に比透磁率 μ_s が 1 $(\mu = \mu_0)$ の導体が配置されているとする．このとき，発生する力 F は導体に働く力 F_c と鉄心に働く力 F_i の合成となる．

$$
\begin{aligned}
F &= F_c + F_i \\
&= \frac{\mu_0}{\mu}B\ell I + \left(1 - \frac{\mu_0}{\mu}\right)B\ell I = \frac{1}{\mu_s}B\ell I + \left(1 - \frac{1}{\mu_s}\right)B\ell I
\end{aligned}
\tag{3.6}
$$

右辺第 1 項が導体に働く電磁力 F_c であり，第 2 項が鉄心に働く力 F_i を表している．この式の意味するところは，鉄の比透磁率 μ_s がたかだか 50 だとしても，約 98% の力は鉄心に働くことを示している．モータトルクの大部分は鉄心で発生するのである．鉄心に働く力を鉄心トルクと呼ぶ．

起電力についても同じように考える必要がある．すなわち，起電力は次のよ

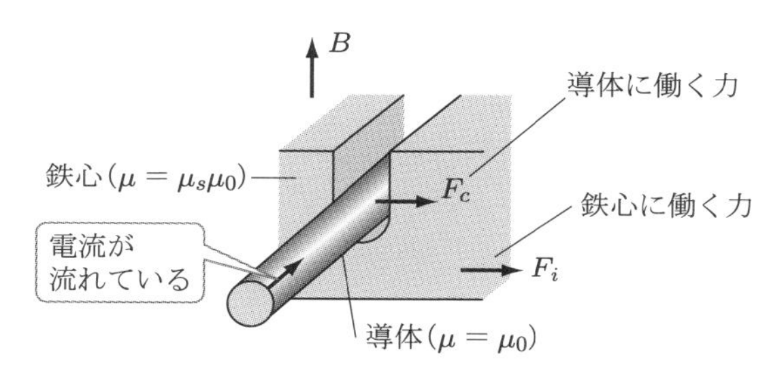

図 3.3 鉄心トルク

うに表される．

$$E = \frac{\mu_0}{\mu} B\ell v + \left(1 - \frac{\mu_0}{\mu}\right) B\ell v = \frac{1}{\mu_s} B\ell v + \left(1 - \frac{1}{\mu_s}\right) B\ell v \quad (3.7)$$

右辺第 1 項がコイルの移動による速度起電力であり，第 2 項が磁束の時間変化により生じる変圧器起電力を表している．交流モータの誘起電圧には鉄心の影響があることを考慮することもある．

3.2　磁界の設計

モータは磁界と電流でトルクを発生する．本節では，まず磁界の設計について述べる．

磁界中には磁束がある．磁束は連続量として定義されている．しかし，直観的には磁束線がわかりやすいので，磁束線を用いて説明する．図 3.4 に電流による磁界と永久磁石による磁界の磁束線を示す．円板状の磁石の作る磁界と円形コイルの作る磁界は全く同じ形をしている．また，棒磁石とソレノイド（連続的なコイル）の作る磁界の形も全く同じ形である．すなわち，磁界を考える

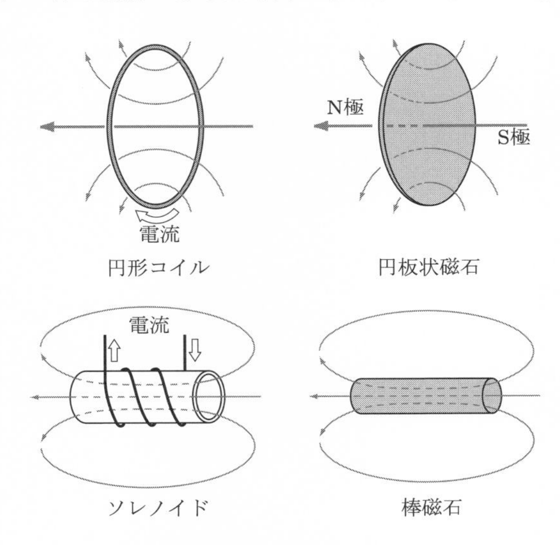

図 3.4　永久磁石とコイルの作る磁界

のに重要なのは磁界の形と大きさであり，その発生法は問わない．モータの磁界を設計することは，磁界の形と大きさを決めることである．モータの設計計算では磁束密度の数値を使う．磁束密度は，磁界中の単位面積あたりの磁束数である．つまり，モータの大きさも関係する．

磁界，磁束密度とも方向をもつベクトル量である．式 (1.2) で示したフレミングの法則は，磁界と電流が直交しているときの力の大きさを表している．すなわち，電流と直交する成分の磁束密度が必要である．

ここで，N, S 極の界磁により作られる磁界を考える．界磁源は電流，永久磁石を問わない．図 3.5 に示すように，円弧状の N, S の界磁磁極があり，その間に円形断面の磁性体があると考える．界磁と円形磁性体の間の距離（ギャップ長）は一定とする．このとき，図 (a) に示すように磁界が分布する．ここでは磁界の様子を磁力線で説明する．磁力線は透磁率の高いところの最短距離を進むという性質をもっている．N 極から出た磁力線はエアギャップの最短距離を進んで，円形磁性体の表面に直角に入り込む．円形磁性体内部では磁束は最短距離を進むので，ほぼ一方向を向いている．しかし S 極が近くなると，円形磁性体から直角に出るように曲がる．このように磁界が分布しているとき，電流と直交する磁束密度をどのように考えればよいのであろうか．磁性体の形状により磁界の方向は変わってしまうのである．

次に，このときの磁束密度を考えよう．そのため，エアギャップで切り開いて直線状にした図 (b) を考える．磁束密度の大きさは，磁極の円弧下ではほぼ一定であるが，磁極の端部では減少し，a–a′ で示す中性点ではゼロになってい

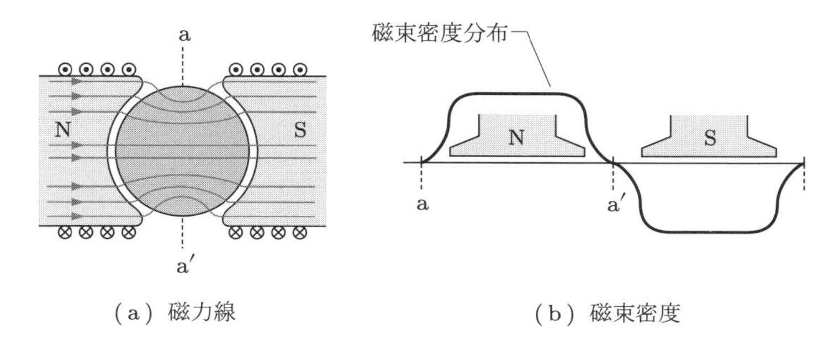

（a）磁力線　　（b）磁束密度

図 3.5　界磁による磁束密度の分布

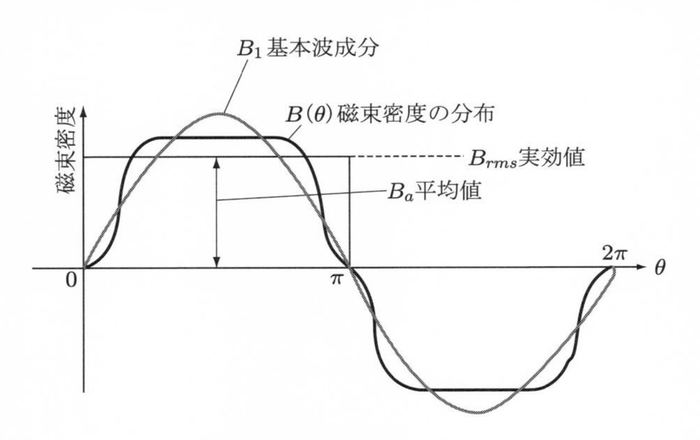

図 3.6　磁束密度の分布

る．ではこのような大きさの分布があるとき，エアギャップの磁束密度の大きさとは何を指すのであろうか．図 3.6 に示すように，磁束密度分布に対し，さまざまな解釈ができる．$B(\theta)$ を磁束密度の分布とする．これに対し，B_a で示すのは平均値である．平均値を考えるときには次のように面積が等しい磁束密度の分布と考える．

$$B_a = \frac{2}{2\pi}\int_0^{\pi} B(\theta)d\theta \tag{3.8}$$

また，B_1 および B_{rms} で示したのは正弦波状の分布を考えた場合である．このとき，磁束密度分布 $B(\theta)$ を正弦波が歪んでいる磁束密度分布と考えることにする．磁束密度分布は次式により実効値 B_{rms} に換算することができる．

$$B_{rms} = \sqrt{\frac{1}{2\pi}\int_0^{2\pi} B(\theta)^2 d\theta} \tag{3.9}$$

また B_1 は，磁束密度分布 $B(\theta)$ を空間的にフーリエ解析したときの基本波と考えることもできる．

$$B_1 = B_m \sin\theta \tag{3.10}$$

設計に際し，磁束密度は一つの数値であってほしい．これをどのように一つの数値にするのであろうか．それが設計に用いられる計算式である．なお，ここでは磁界の分布を比較的単純な形状で考えているが，実際のモータでは，より複雑な分布をしている．複雑な磁界分布があることからフレミングの法則やマクスウェル応力を使って直接設計することは難しいことがわかる．

3.3 電流の設計

次に，電流の設計を考える．電流の大きさを表すには，直流電流では振幅が用いられる．交流電流の場合，最大値または実効値で表されるが，設計では実効値が使われることが多い．導体が複数あるとき，（電流の大きさ）×（導体の数）を起磁力（単位：アンペア回数）と呼ぶ．起磁力は，磁束鎖交数を求めるときのように導体数（巻数）を考慮する．

しかし，複数の導体に電流が流れる，ということは電流が分布することになる．したがって，電流の大きさだけでなく分布も考える必要がある．ここでは，電流を起磁力とし，起磁力分布として考えることにする．

いま，空間にプラスとマイナスの電流があるとする．このとき，電流により周囲に磁界ができる．図 3.7(a) に示すような導体間隔を直径とする円を考える．この円がエアギャップ面に相当する．円周上の磁界の分布は，電流による起磁力により生じたものである．磁極は電流と 90° 離れた位置に生じる．円を

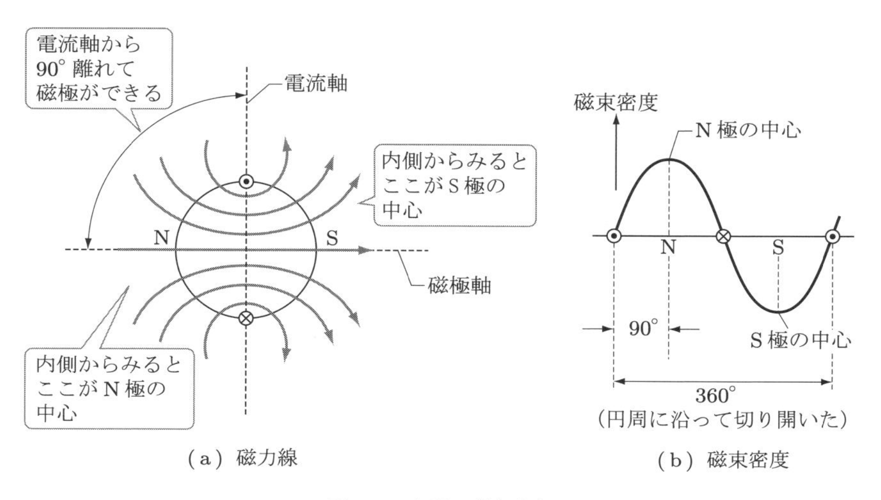

図 3.7　空間の磁束分布

直線状に切り開いた図 (b) は円周の内側からみた磁束密度を示している．円周上の磁束密度は正弦波状に分布している．このとき，起磁力も正弦波状に分布していると考えることができる．

図 3.7 では 1 本の導体が空間にあるとしたが，導体をモータのコイルとして考え，図 3.8 に示すように鉄心のスロット中に配置されているとする．図 (a) に示すように，磁力線はすべて磁極を通ると考える．このときの磁束密度を，エアギャップ面で切り開いて考えると図 (b) のような分布になる．すなわち，磁束密度は空間的には矩形波状に分布する．このように鉄心のスロット中に導体を配置すると，起磁力は矩形波分布となる．なお，磁束密度が矩形波分布であっても，空間的なフーリエ解析をすれば図 (b) に示すような正弦波の基本波成分が含まれていることになる．これを起磁力の基本波と呼ぶ．

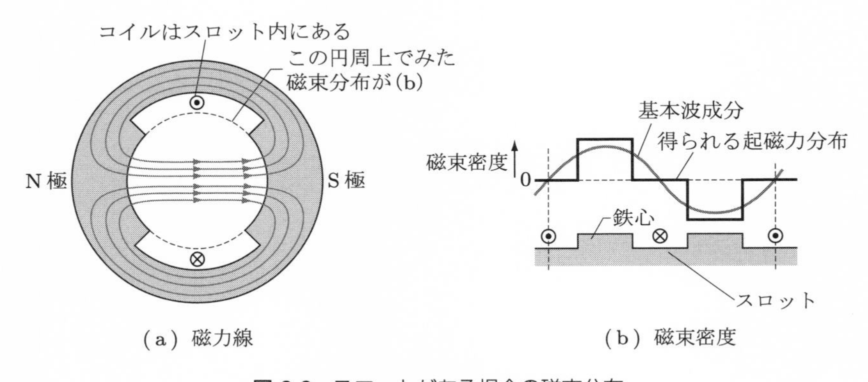

(a) 磁力線　　(b) 磁束密度

図 3.8　スロットがある場合の磁束分布

導体を何巻かしてコイルとして使う場合，起磁力の分布も考えなくてはならない．3 巻したコイルを使う場合，3 本の導線に電流が流れる．このとき，導体数 $Z = 3$ とする．同じスロットに 3 本の導体を配置した場合を図 3.9(a) に示す．このときの起磁力の空間分布は矩形波である．起磁力の大きさは導体数と電流により表されるので，起磁力は $ZI = 3I$ である†．一方，この導体を図 (b) に示すように三つのスロットに分布させて巻線したとする．このとき，それぞれのスロットごとの導体数は $Z = 1$ である．三つの導体がそれぞれ起磁

† ZI はアンペア導体数と呼ぶ．第 6 章で説明する．

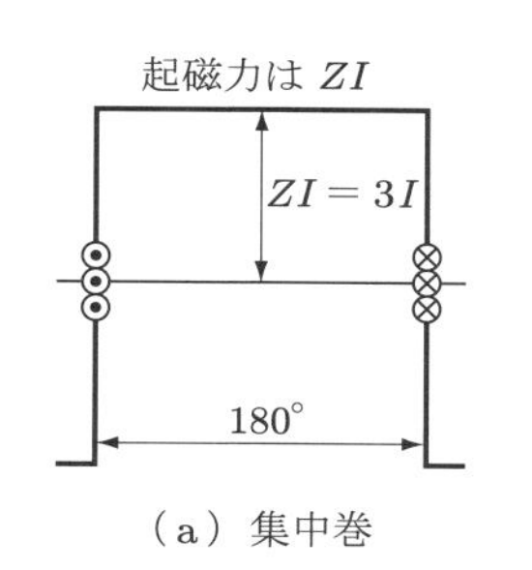

（a）集中巻

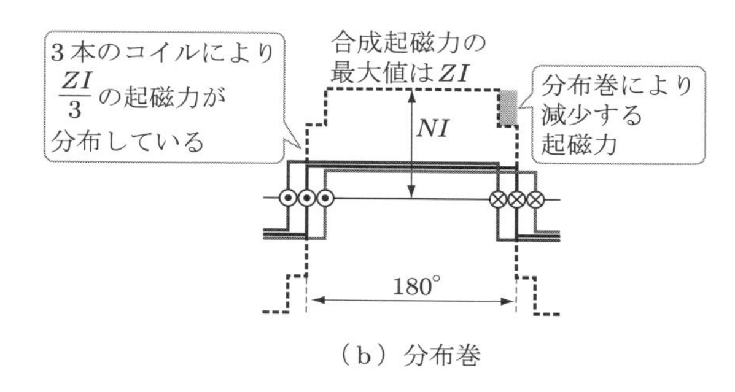

（b）分布巻

図 3.9 複数の導体による起磁力分布

力を発生するので階段状に分布して，起磁力が合成される．合成起磁力の最大値は図 (a) と同じく $3I$ となる．しかし，電流軸近くでは起磁力が階段状に低下し，起磁力波形の囲む面積は図 (a) より小さくなる．このように，電流の分布により得られる起磁力波形は異なる．図 (a) を集中巻といい，図 (b) を分布巻という．

交流モータでは起磁力の空間分布が正弦波になるように分布巻を用いることが多いが，起磁力の最大値を大きくしたい場合には集中巻が用いられる．

このように，トルクを出すための電流と磁界はそれぞれの分布の影響を受けるのである．その結果得られるのがトルク定数である．

3.4 リラクタンストルク

近年，IPM モータ，SR モータなどのリラクタンストルクを利用するモータが増加している．そこで，リラクタンストルクについて説明する．

古典的な突極同期機の理論では，リラクタンストルクはリアクタンスを用いて次のように表される．

$$T \propto \frac{1}{\omega} I^2 \left(\frac{1}{X_q} - \frac{1}{X_d} \right) \sin 2\delta \tag{3.11}$$

ここで，X_d, X_q はリアクタンス，δ は内部相差角である．すなわち，リラクタンストルクはリアクタンスの最大値と最小値の差で決まると説明されている．

SR モータの理論では，発生トルクは自己インダクタンス $L(\theta)$ の回転位置による変化により生じるとされる．理論式は次のように表される．

$$T \propto \frac{1}{2} I^2 \frac{\partial}{\partial \theta} L(\theta) \tag{3.12}$$

また，IPM モータ，シンクロナスリラクタンスモータは巻線間の相互インダクタンス $M(\theta)$ の変化もトルクとなるので，理論式は次のように表される．

$$T \propto \frac{1}{2} {I_1}^2 \frac{\partial}{\partial \theta} L_1(\theta) + \frac{1}{2} {I_2}^2 \frac{\partial}{\partial \theta} L_2(\theta) + \frac{1}{2} I_1 I_2 \frac{\partial}{\partial \theta} M(\theta) \tag{3.13}$$

これらの理論式を用いて，磁気飽和がなく，インダクタンスの変化が直線状または正弦波状と仮定すると，リラクタンストルクはインダクタンスの差に比例すると考えることができる．したがって，次のような形式でトルクが一般式として表される．

$$T \propto \frac{1}{2} (L_d - L_q) \sin 2\beta \tag{3.14}$$

ここで，β は電流と磁極の間の位相角であるが，各種の定義がある．モータの構成により $(L_q - L_d)$ に比例する場合や，各種の定義の位相角 β を用いる場合があるが，いずれにしろ，インダクタンスの差がトルクの大きさを決めることになる．

ここで，図 3.10 に示すインダクタンスの空間的な変化を考える．それぞれのインダクタンスの最大値，最小値は同一である．すなわち L_d と L_q の差は同一である．しかし，直観的に，この 3 種のインダクタンス分布をもつモータが同じトルクを出すとは思えない．リラクタンストルクの原理式である式 (3.12) は，トルクがインダクタンス $L(\theta)$ の微分に比例することを示している．つまり，瞬時トルクは図 3.10 のそれぞれの波形の，その位置での傾きに比例する．

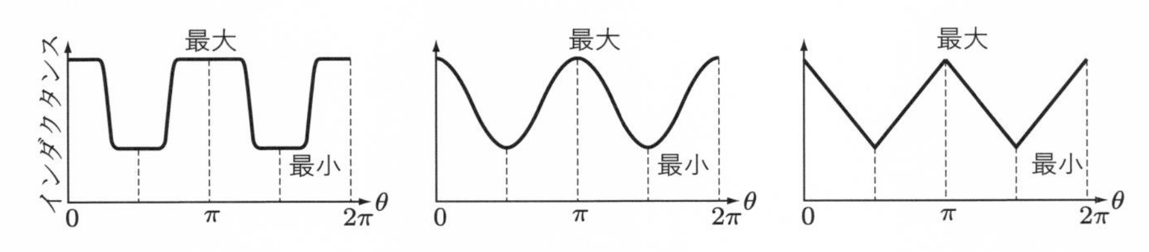

図 3.10　インダクタンスの最大値と最小値

したがって，明らかにこの 3 種のモータのトルクは異なるのである．

インダクタンスの最大値，最小値は，突極の形状などを決めれば机上で計算できる．しかし，最大値と最小値の間の波形や傾きはどのように計算すればよいのだろうか．また，トルクを大きくするためにインダクタンスの最大値を大きくする，ということは高磁束密度となる．このことは，磁気飽和の影響を考慮しなくてはならないことにもつながる．

このように，リラクタンストルクを利用する，というのはモータの性能を向上させる手段であるが，リラクタンストルクを利用するモータの形状を原理から出発して設計するのはなかなか難しいのである．

3.5 インダクタンス

モータの設計では各種のインダクタンスまたはリアクタンスの数値を使ってゆく．インダクタンスとリアクタンスの使い分けは，インダクタンスは可変速モータ，リアクタンスは電源周波数が一定のモータに用いているのであり，特に違いはない．インダクタンス L は電磁誘導において電流と電圧の関係を表しており，次のように定義される．

$$e = -L\frac{dI}{dt} \tag{3.15}$$

インダクタンスは電流の変化率 dI/dt とコイルの誘導起電力 e の比例定数である．また，インダクタンスは，次の関係も表している．

$$\Psi = LI \tag{3.16}$$

ここで，Ψ は磁束鎖交数であり，電流の大きさ I との比例定数がインダクタンスである．つまり，電流を使って電磁誘導や磁束数を表すことができる．そのため，モータの理論では漏れ磁束，電機子反作用などの磁気的な現象を漏れインダクタンス，電機子反作用リアクタンスなどにより表している．インダクタンスを使うことにより，電磁気学を使わずに，すべて電気回路として考えることができるようになる．電気回路で考える場合，インダクタンスは回路定数であり，一つの数値と考える．

ソレノイドコイルの場合，インダクタンスは次のように表される．

$$L = \mu \frac{N^2 S}{\ell} \tag{3.17}$$

ここで，μ は鉄心の透磁率，N は巻数，S は鉄心断面積，ℓ は鉄心の長さである．インダクタンスは鉄心の透磁率に比例する．鉄心のない，空心コイルであれば透磁率は μ_0 である．

モータは鉄心にコイルを巻くことにより成り立っている．しかし，モータのインダクタンスをソレノイドコイルと同じように考えてよいのだろうか．そのためには，透磁率とは何かを考える必要がある．透磁率 μ には次の関係が成り立っている．

$$B = \mu H \tag{3.18}$$

透磁率 μ は磁化力 H，すなわち電流と磁束密度 B の関係を表す数値である．透磁率が一定であれば比例関係である．しかし，鉄心の B と H の関係を表した磁化曲線は直線ではない．すなわち B と H は比例関係にはない．磁化曲線から導かれる各種の透磁率の定義を図 3.11 に示す．物質の透磁率は磁化力 H の大きさにより値が異なる．さらに，同一磁化力であっても，透磁率の定義により数値は異なる．

インダクタンスを事前に机上計算で求めるためには，透磁率を一つの数値と

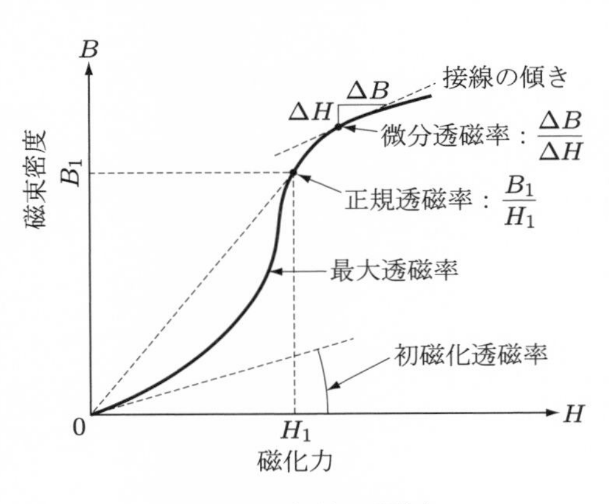

図 3.11　各種の透磁率

して仮定する必要がある．さらに，磁気飽和してしまうと，計算で求めたインダクタンスより小さくなる．そのため，古典的なモータ設計では各種の係数を導入したり，経験的なグラフなどにより補正したりしてインダクタンスやリアクタンスを求めている．

磁界，電流の分布やインダクタンスは，有限要素法による磁界解析を行えば実際の状態は解析可能である．しかし，その解析結果から設計に必要な数値を直接取り出すことはできない．設計に利用するためには，解析結果をさらに設計で用いる数値に処理することが必要になる．

COLUMN

「モータ」と「電動機」の言葉の使い分け

学術用語の決まりでは外来語をカタカナ表記したときだけ「モータ」と表記することになっています．それ以外は「電動機」と漢字表記することにされています．たとえば，リニアモータはリニア電動機とは呼ばないことになっています．本書では，誘導モータ，同期モータなどのように漢字とカタカナを混在させ，なじみのある用語を使うようにしています．

でも，漢字で呼ぶのはどうだろうか，と思い，過去のわが国での呼び方や中国語での呼び方を調べてみました．中国語でも馬達（モータ），电动机（電動機）と二つの呼び方を使い分けているようです．

ステッピングモータ：階動電動機
リラクタンスモータ：反作用電動機
ブラシレスモータ：無刷直流馬達（中国語で刷子はブラシです）
SR モータ：切換式磁阻馬達（中国語で磁阻はリラクタンスです）
PM モータ：永磁電動機（中国語で永磁は磁石です）
リニアモータ：直線電動機
（注：ここでは日本語の漢字（フォント）を使っています）

このほか，日本語ではモータの動作を区別するために，揺動電動機，直動電動機などの言葉も使われています．

4 モータの仕様から考えた設計

本書で述べているモータのユーザとは，モータを回して，直接使う人ではなく，モータを機械などに組み込むためにモータを扱う人を指している．つまり，モータを組み込んだ機械などを開発するエンジニアである．このような組み込みユーザは，まず，モータの仕様を検討することから始めることが多い．本章ではモータの仕様から考えた設計について述べてゆく．

4.1 モータの仕様とは

仕様とは製品の性質・機能・性能として満たさなければならないものとして提示される要求事項であり，その製品の性質を表すものである．仕様を記述した文書を仕様書という．仕様を決定することを基本設計と呼ぶこともある．

モータの仕様はモータの入出力の条件や性能の要求数値が表されることが多い．仕様として示される要求項目の一例を示す．

- モータが駆動する負荷に必要な運転要件（負荷のトルク特性など）
- モータの性能（効率，力率，電流など）
- 使用法からの要件（24 時間連続運転，負荷率など）
- モータが設置される環境（屋外，標高など）
- モータの配置からくる寸法要件（軸，最大寸法など）
- 検査，品質（規格などに定められていない検査など）

ここでの仕様とは，要求仕様または外部仕様と呼ばれるもので，モータの内部の設計に関することではない．モータの使用者側からの要求である．ソフトウェアの設計時などに詳細を記述する内部仕様書とは異なる．このようなユーザ側からの要求仕様に対し，それに対する製造側から製作仕様が提示される場合もある．

仕様として取り交わされる場合，設計責任は製造者側にある．図面を提示して製造を依頼する場合には図面作成者が設計責任を負う．仕様を取り交わす場合，多くは「購入」形態であり，図面を提示する場合には，「外注」形態が多いと考えられる．仕様の諸元の一部は銘板に記載されている．表 4.1 に誘導モータの銘板記載事項の例を示す．

表 4.1　銘板記載事項

記載項目	内容
出力	定格運転点での出力
電流	定格出力時の電流値
電圧	定格電圧のほか，使用電圧範囲，交流周波数も示されることがある
始動	始動トルク，始動階級，始動電圧などで記載する
出力事項	定格出力時のトルク，回転数など
適用規格	JIS，JEM，NEMA など
冷却方式	IC $X_1X_2X_3$　　X_1：通路方式，X_2：冷媒種類，X_3：冷媒の送り方
保護方式	IP X_1X_2　　X_1：人体に対する保護，X_2：水の侵入に対する保護
周囲温度	耐熱クラスで示されることもある
その他	製造者，軸受，製造番号など

商用電源や汎用インバータで駆動するモータの場合，電源条件（駆動条件）がはっきりしているので仕様としてモータの性能を提示しやすい．しかし，近年多くなってきたパワーエレクトロニクスで駆動するモータの場合，モータに入力する電圧，電流の波形によりモータのトルクや損失が変化する．そのため，パワーエレクトロニクスによりモータの性能が異なるので仕様として定めにくい．インバータは内製し，モータは購入するという製造形態はよくあることである．このような場合に，モータの仕様としてどのような条件での数値を用いるかは，いろいろな要因から決めてゆかなくてはならない．

さらに，制御されるモータの場合，どの運転点を定格とするか，どの運転点の運転頻度が高いかなど多くの要因での仕様を決める必要がある．図 4.1 は自動車駆動用モータの回転数トルク特性の例である．このような広い範囲で駆動

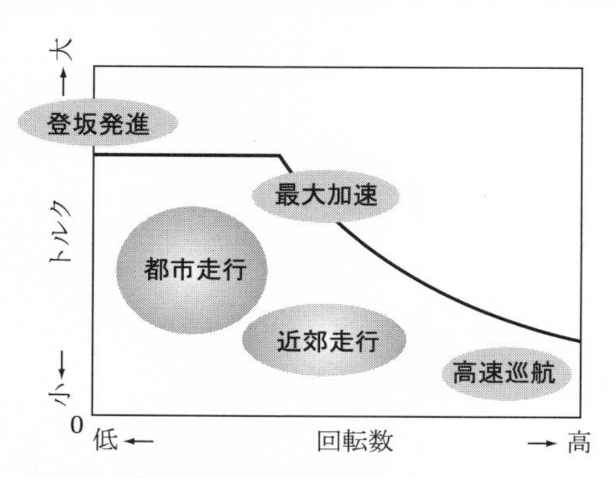

図 4.1　車両駆動用モータの回転数トルク曲線

するモータの場合，効率，電流などの仕様をどの運転点（回転数とトルクで指定する）で指定するかを決めるのは難しい．また，サーボモータなどのように即応性が要求される場合，動特性も仕様として決める必要がある．表 4.2 には制御用モータの仕様項目の例を示す．

表 4.2　制御するモータの仕様の例

条件	内容	仕様項目
入力条件	電気的諸量	電圧，電流，電力，周波数変化速度，搬送波，電流リプル
出力条件	機械的諸量	回転数，トルク，瞬時最大トルク，始動トルク，変動範囲
損失条件	熱的諸量	絶縁クラス，効率，温度上昇，時間定格
制御条件	運転に関する量	加減速レート，整定時間，インダクタンス，負荷慣性モーメント

このような場合，インバータなどの制御装置を含んだモータドライブシステムとしての総合的な仕様であれば数値を示しやすい．近年増加している特定用途指向型モータの場合，モータと制御装置はほぼ 1：1 で対応しており，モータドライブシステムとして考えることができる．すなわち，モータにも制御装置にも汎用的なことや，標準的なことは必要がなく，すべてそのドライブシステム専用に設計される．その場合でも，制御とモータの切り分けが必要となるが，多くの場合，同一社内で行われ，取り合いを工夫して設計が進められていると考えられる．

仕様を決定することはモータ設計の最初のステップである．また，仕様は，それ以降の設計の条件となる．仕様の決定はモータ設計において最も重要なことである．

4.2 モータの寸法

モータを組み込むユーザにとって，仕様として重要なのは，モータの大きさである．モータの大きさを体格と呼ぶ．モータの体格は基本的にはモータの出力により決まる．出力はトルクと回転数の積なので，回転数を同一とすれば，トルクがモータの体格を決める要因となる．トルクは磁束と電流の積である．磁束数は磁極の面積で増やすことができる．また，導体の断面積を増やせば大電流を流すことができる．

しかし，モータの体格を決める要因はトルクまたは出力だけではない．その一つに，コイルの仕様がある．たとえば，コイルエンドの高さ（軸方向の長さ）はコイルの巻線仕様で変化する．モータの極数が違うとコイルピッチが異なる．2 極とすると，コイルエンドの導体は 180° の円弧（コイルピッチ）でスロット内の導体を接続する．ところが，12 極にすれば導体は 30° の円弧の間をつなげばよい．コイルピッチが大きいと，多くの導体でコイルエンドを構成することになり，コイルエンドの高さが高くなる．コイルエンドの高さはモータの外形寸法（できあがりの軸方向長さ）に影響する．

このほか，冷却法によりモータの体格は異なる．空冷と水冷では冷却熱量が異なる．冷却法にかかわらず，モータの上限温度は同一である．しかし，モータの熱容量は体格で異なる．すなわち温度上昇が異なる．また，冷却法によりコイルの電流密度の上限が異なるので，巻線仕様が異なり，モータ体格も異なる．

仕様作成段階でモータの体格を想定するため，以下に述べるような基準を考えることができる．

(1) 磁極面積

磁極の面積とは，図 4.2 に示すような，極弧幅と積厚からなる面積である．

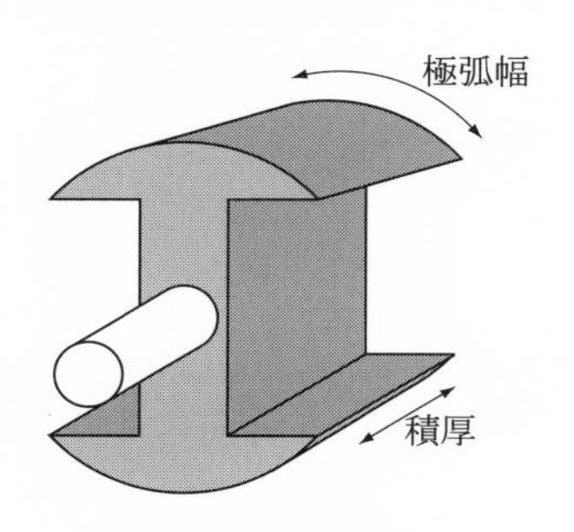

図 4.2　磁極面積

モータの発生する力は式 (1.2) に示したように磁束密度 B により説明される．しかし，この式は正確に表すと磁束数により表される．すなわち，磁束数とトルクは比例すると考えることができる．したがって，体格として磁極面積を用いることにより磁束数を表すことができる．誘導モータや SPM 同期モータなどの円筒形回転子の場合，磁極面積とはエアギャップの面積であり，回転子外径または固定子内径の表面積を指している．

(2) 回転子体積

円筒形回転子の体積は，回転子外径 D と積厚 L を使って，D^2L により表すことができる．誘導モータや SPM 同期モータなどの円筒形モータの場合，実績値として出力が D^2L に比例することが知られている．図 4.3 は三相誘導モータの実績値の例である[8]．この場合，回転数による出力変化を極数により表している．このように回転子の D^2L により体格が検討できる．体積を表す D^2L を回転子外径 D と積厚 L に分解すれば寸法になる．

表 4.3 に示すように，回転子外径 D は体積に 2 乗で効くので，(a) のように径の大きい，扁平な形状の回転子のほうが D^2L が大きくなる．しかし，エアギャップ面積は積厚 L に比例するので，(c) のような細長い形状の回転子のほうがエアギャップ面積が大きくなる．同一体積（D^2L），同一の磁極面積（DL）としても，大きく異なる形状が考えられる．D^2L による体格の見積もりは，類似形状のモータの実績値に基づき，比例設計するような場合に有効な方法である．

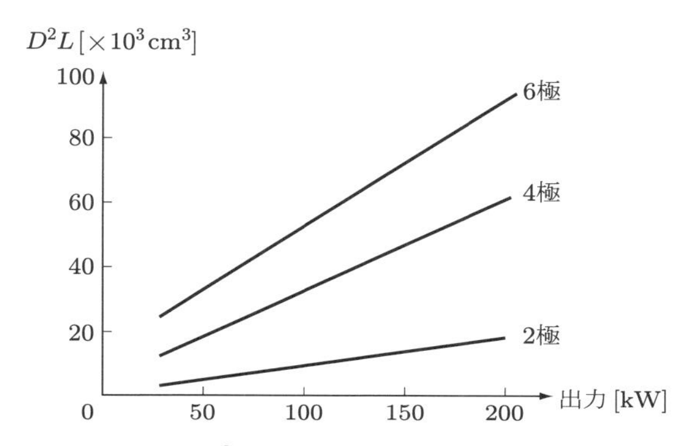

図 4.3 誘導モータの D^2L と出力の例(参考文献 [8] の数値に基づき筆者作成)

表 4.3 回転子体積と表面積

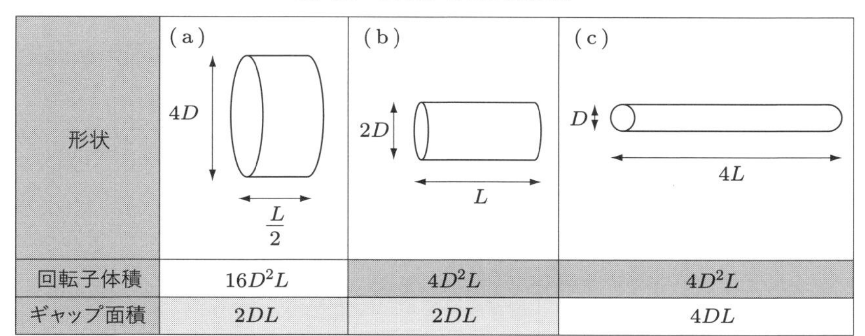

形状	(a) 4D, L/2	(b) 2D, L	(c) D, 4L
回転子体積	$16D^2L$	$4D^2L$	$4D^2L$
ギャップ面積	$2DL$	$2DL$	$4DL$

(3)出力密度

出力密度とは体積密度(kW/L)または重量密度(kW/kg)で表される数値である．出力密度がフレームも含めたモータ全体の体積または重量で表されれば，ユーザからは最もわかりやすい指標となる．また，モータは銅と鉄で構成されるので，比重がほぼ一定と考えれば体積密度と重量密度は同じように考えることができる．

現在，一般的にいわれている出力重量密度の最大値を表 4.4 に示す．このように，出力密度はモータの用途や冷却法により大きく異なる．また，回転数が同一のもので考えなくてはならない．出力密度については第 6 章でさらに細かく述べてゆく．

表 4.4　モータの出力密度の最大値の例

モータの例	出力密度（kW/kg）
標準モータ（全閉外扇）	0.1
自動車用駆動モータ（水冷，油冷）	1〜2
超電導モータ	20

(4) トルク密度

モータの出力はトルクと回転数の積で表される．そのため，回転数を制御するモータの場合，トルク密度による比較のほうが馴染みやすい．モータのトルクは電流に比例することから，トルクは必要な導体の断面積を表す．すなわち，固定子の大きさを示すことになる．さらに，トルク密度による比較は冷却の違いも含めて表すことができる．すなわち，トルク密度を使えばモータの外形寸法を比較できることになる．たとえば，EV，HEV などの自動車駆動用の水冷モータの場合，50 Nm/L などの数値といわれている．

(5) 推力密度

トルクはエアギャップで発生するので，エアギャップ表面で発生する推力と考えることができる．トルクは推力と回転子の半径の積なので，推力密度（$\mathrm{N/m^2}$）により検討すれば，回転子の大きさに関係なく検討できる．推力密度の基準を面積とする場合と体積とする場合がある．かつて体積あたりの力密度の限界値は 1 N/cc であるといわれていた†．これはネオジム磁石の出現前に議論された数値であり，現在の水冷の IPM モータではこの程度の数値はすでに実現されている．

これまでに述べたいずれかの基準により，ある程度モータの体格が推測できる．ただし，類似仕様の実績値からの比例設計を前提にする必要がある．

† 長坂長彦博士の 1992 年の講演による．この場合，体積はコイルエンドを含まない，固定子体積（電磁気体積）を用いている．

4.3 モータの性能

ここでは，モータの仕様を，出力，トルク，効率などのモータの性能とする場合について述べる．

モータの性能はモータを設計し，製作した結果得られるものである．一般的な機械の場合，予測性能を計算することが行われるが，モータの場合には，設計のある段階まで進まないと性能として実現できる数値を計算することができない．

モータの出力（W）とは，すなわち仕事率（単位時間あたりのエネルギ）である．出力はモータおよび負荷の動力規模を示している．

出力は式 (1.1) に示したようにトルクと回転数の積で表される．

$$P_o = T\omega \qquad (1.1)\ 再掲$$

すなわち，図 4.4 に示すように，同一出力でも回転数を高くすれば小さなトルクのモータとなる．トルクが小さいモータとは，すなわち，電流が少なく体格の小さなモータである．回転数を高く，減速比を大きくした場合，モータと減速器を合わせたモータシステムとして考えて，小型化できることがある．

従来，減速機を組み込んだギアードモータは，低速大トルクのモータを利用するために用いられてきた．これは，ギア比によりトルクを増幅すること，お

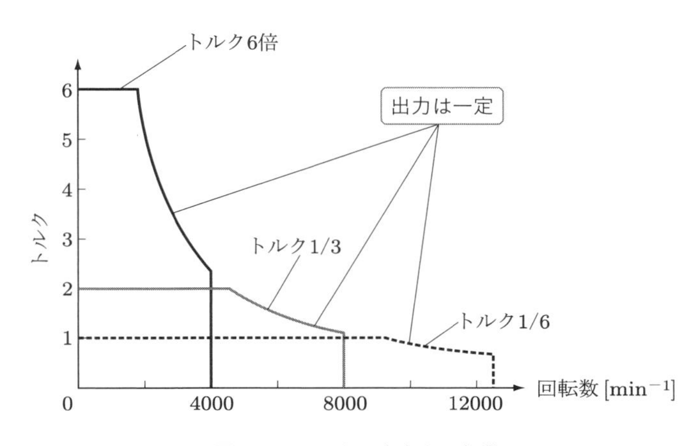

図 4.4　モータの出力と回転数

よびモータの回転数を高くして効率低下を防ぐことを目的としていた．しかし，近年はモータの小型化を目的としてモータを超高速化することが行われ，減速器を含んでもモータシステムとして小型化されている．この場合，減速機も含めたモータドライブシステムとしてのモータの出力を仕様として考える必要がある．ただし，減速器を用いる場合，ギアのバックラッシなどがあり，制御性にも考慮が必要となる．

仕様として最大トルクを与える場合を考える．最大トルクは磁束の最大値と電流の最大値のときに発生すると考える．すなわち，磁束密度が高い状態である．鉄心は飽和し始めており，透磁率が低下し，インダクタンスは小さくなっている．最大電流を流すので温度上昇が大きく，巻線抵抗も増加している．このことは，設計段階で，モータの鉄心の飽和状態，温度上昇などが予測できないと最大トルクが予測できないことを示す．特に，瞬時最大トルクは熱的な要因の影響が大きいので，できあがったモータで実測してみないと正確にはわからない．

仕様として効率が与えられた場合には，損失を精度良く予測する必要がある．銅損は導体から生じるジュール熱なので抵抗値の算定が必要である．直流抵抗値を用いたとしても，温度により抵抗率が変化するので，効率を評価する運転条件での温度の予測が必要である．さらに，抵抗値は導体の長さにより決まる．導体の長さにはコイルエンドが含まれる．第 7 章で後述するように，コイルエンド長さの計算による予測はあまり精度が高くない．さらに効率予測の精度を上げるためには交流抵抗値を使う必要もある．

鉄損計算は，平均的な磁束密度により行うが，実際には，鉄心の位置により磁束密度が異なる．また，鉄心材料の物性値は鉄心に加工されていない素材の値であり，加工による鉄損増加は表されていない．したがって，鉄損を精度良く予測することは設計の最終段階でも難しい．さらに，実機では予測していなかった鉄損が生じることもある．以上のように，効率の数値が仕様となっていても，実際，その効率値を達成できるかどうかは，設計段階で予測するのはなかなか難しい．

以上，性能を仕様とすることの難しさを述べたが，仕様段階では，さまざまな性能の優先順位を明確にすることができる．すなわち，効率が落ちてもこの回転数で回したい，あるいは，効率の数値はどんな運転でも確保したい，などがある．

モータの仕様として与えられる性能とは，設計の性能目標となるが，ユーザからの希望値にすぎない．性能目標だけではモータの仕様はなかなか決まらず，モータの基本的な設計ができたとは言えないのである．

4.4　モータの比例設計

ここでは仕様策定のために行うモータの比例設計について説明する．なお，この説明は参考文献 [1] で述べられていることをわかりやすく説明したものである．ここではモータの各部の寸法を 2 倍にした場合にどうなるかを考えてゆく．

各部の寸法が 2 倍になるので体積は $2^3 = 8$ 倍となる．したがって，重量も 8 倍となる．各部の寸法が 2 倍ということは，導体の断面積は $2^2 = 4$ 倍となる．電流密度を同一とすれば，4 倍の電流を流すことができるようになる．

まず鉄心を考える．各部の寸法が 2 倍なので，磁気回路の各部の寸法も 2 倍になる．したがって，磁路の断面積は $2^2 = 4$ 倍となる．磁束密度を同一とすれば，磁束数は 4 倍となる．誘導起電力は磁束数に比例するので 4 倍となり，端子電圧も 4 倍必要になる．したがって，モータの容量（VA）は $4 \times 4 = 16$ 倍となる．

次に損失を考える．電流密度を同一として仮定しているので，導体の重量あたりの損失も同一である．上述のように重量は 8 倍になるので，銅損は 8 倍となる．同様に磁束密度も一定と仮定しているので，重量あたりの鉄損も同一なので，鉄損も 8 倍となる．

8 倍になった損失は表面から放熱される．寸法が 2 倍になったので表面積は $2^2 = 4$ 倍である．放熱量は表面積に比例するので 4 倍になる．しかし，損失が 8 倍になったにもかかわらず放熱量が 4 倍なので，温度上昇は 2 倍となってしまう．ただし，出力が 16 倍にもかかわらず損失は 8 倍なので，効率は高くなる．以上をまとめたのが表 4.5 である．

この例でわかるように，モータは単純に比例設計するわけにはゆかないので

表 4.5　モータの比例設計

	2 倍となるもの	4 倍となるもの	8 倍となるもの	16 倍となるもの
諸元	各部の寸法（m） 温度上昇（K）	電流（A） 電圧（V） 磁束数（Wb） 表面積（m^2） 導体断面積（m^2） 磁路断面積（m^2）	体積（m^3） 重量（kg） 銅損（W） 鉄損（W）	容量（VA）

ある．モータの出力に応じた設計を行わなくては最適な体格のモータは設計できない．

モータの仕様とはモータの基本設計である．設計において，仕様を定めることは設計の目標を定めることとなる．しかし，全く何もないところからモータの仕様を定めることは至難の業である．ある出力のモータの仕様を原型として，それを調整して仕様を決めるという，実績に基づく方法が一般には行われている．

5 モータ設計の全体の流れ

本章ではモータ設計の全体を概観する．モータの設計がどのように進められてゆくのかについて，全体の流れを述べる．

5.1 モータ設計の全体

モータ設計の出発点は要求仕様である．要求仕様ではすべてを網羅していないことが多いので，要求仕様に基づいて設計仕様に展開する．設計仕様から，

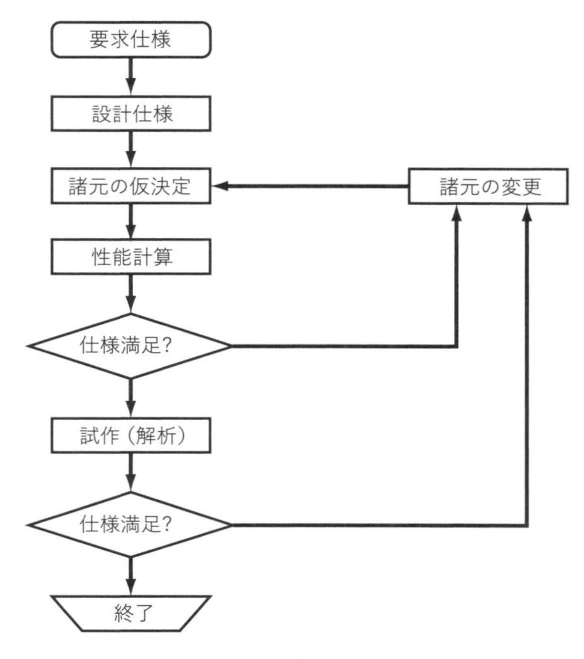

図 5.1　モータ設計の全体の流れ

各部の寸法などの諸元を決定する．決定した諸元から性能計算に必要な諸数値を導出する．性能計算により求めた性能が要求仕様を満足しない場合，決定した諸元の数値を変更する．通常はこのループを何回も回って，仕様を満たす諸元が確定する．計算結果が仕様を満たしている場合，試作を行う．試作評価結果が仕様を満たしていれば設計終了である．この全体の流れを図 5.1 に示す．なお，近年は試作に替えて詳細な解析（シミュレーション）を行うこともある．

このような流れのなかで，一般的にモータの電磁気設計と呼ばれるのは諸元の決定を指している．諸元の決定とは，モータの各部の詳細を決めてゆくことである．諸元の決定の詳細のフローを図 5.2 に示す．

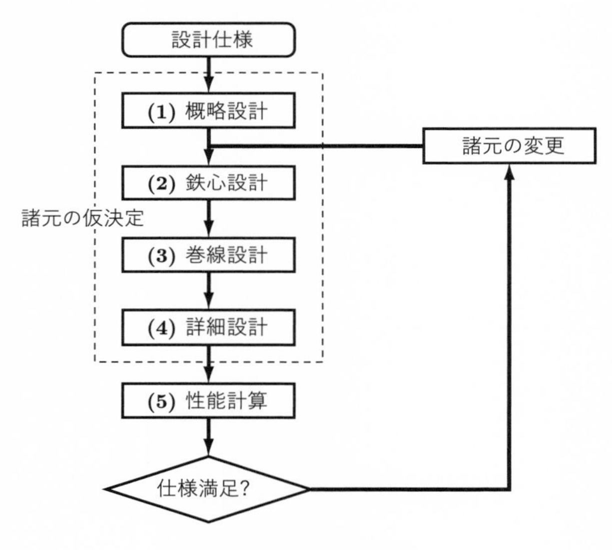

図 5.2　諸元の決定の流れ

諸元の決定は次のように進められる．まず，設計仕様に基づき (1) 概略設計を行う．概略設計とは，モータの内外径などの基本寸法を決めることである．一般的には回転子の寸法を決めることになる．次に (2) 鉄心設計を行う．これにより鉄心のスロットなどの寸法が決まる．続いて (3) 巻線設計を行う．ここまでで，設計すべきモータのトルク発生にかかる概要が定まる．さらに (4) 詳細設計を行う．詳細設計では，絶縁物の厚み，コイルエンドの寸法などの細部を決定し，性能計算に必要な諸数値を求める．以上の各項目についてのそれぞれの概要を次節以降で述べてゆく．

5.2　概略設計の流れ

概略設計では設計の初期値を決める．初期値とは回転子の寸法と巻数に関する基本量を決定することである．概略設計のフローを図 5.3 に示す．

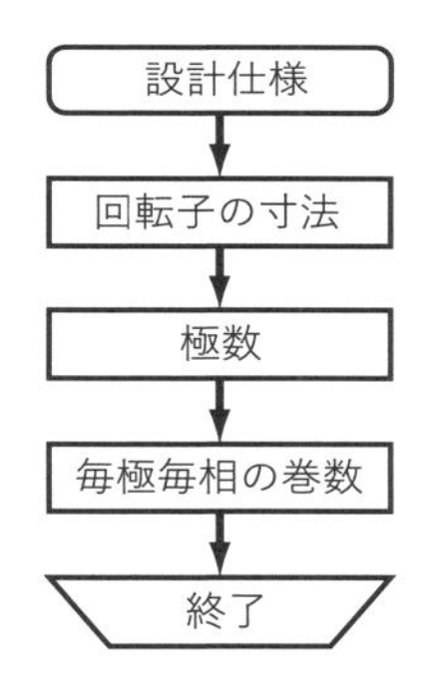

図 5.3　概略設計の流れ

設計仕様からまず求めるのは回転子の寸法である．回転子の寸法を求めるには，D^2L 法，装荷法，実績法などの方法がある．それぞれについては第 6 章で後述する．これにより回転子の外径 D，積厚 L が直接求まる場合と，D^2L が求まって，D と L に分配する方法がある．

回転子の外径が決まれば，それをここでは固定子内径と考えることとする．極数が仕様として与えられていない場合，固定子内径から極数を決定する．極数が決まれば出力，トルクなどから必要な巻数が決まる．この段階では毎極毎相の巻数を決定する．

5.3　鉄心設計の流れ

鉄心設計ではスロットなどの鉄心の詳細な形状を決めてゆく．本書では誘導モータ，同期モータなどの交流モータの鉄心について説明する．鉄心設計のフローを図 5.4 に示す．概略設計で決定した固定子内径と極数から極ピッチが決まる．ここでスロット数を決めれば，各スロットが分担する電流が求められる．

ここからは，設計値の上限の数値を設定することが必要になる．設定した上限の電流密度からスロット内の導体断面積がわかるので，スロット断面積が求まる．さらに，設定した上限の磁束密度からティース幅，ヨーク幅を求める．ティースの深さとヨーク幅から固定子外径が求まる．

回転子鉄心も同じように決定する．永久磁石を使う場合，磁路を磁気回路として考え，ギャップ長を決める．

ここまでに決定した鉄心のスロット形状から漏れ磁束の確認を行い，鉄心形状が決定される．

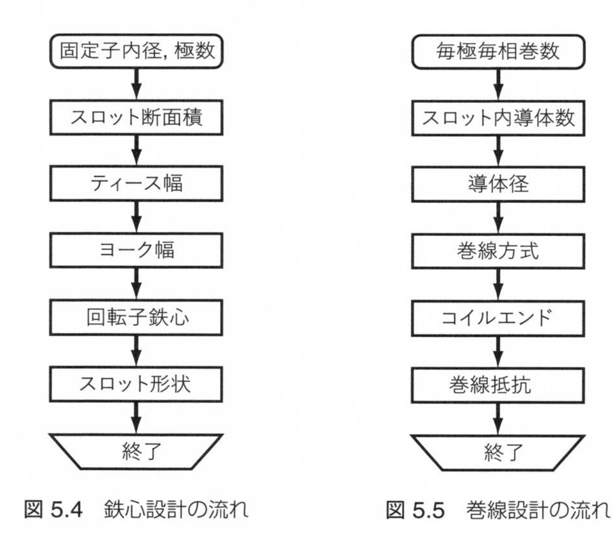

図 5.4　鉄心設計の流れ　　図 5.5　巻線設計の流れ

5.4　巻線設計の流れ

設定した毎極毎相の巻数から各スロットの巻数を求める．各スロットの巻数が同一の場合もあるが，スロットごとに巻数が異なる場合もある．ここからは巻数でなく，スロット内の導体数を用いて説明する．巻線設計のフローを図 5.5 に示す．

電流密度から必要な導体径を決定する．ここで，巻線方式を仮に決定する．これにより，コイルエンドの寸法が推定できるので，導体の長さを求めることができる．巻線抵抗を求めることができれば巻線設計は終了である．なお，この段階で巻線方式の詳細を決定していなくても，電磁気的には導体数を使って巻線の設計を行うことができる．

5.5　詳細設計の流れ

鉄心設計と巻線設計により電磁気的な設計は完了する．しかし，性能計算に用いる定数を求めるため，およびモノづくりのために，さらに詳細を決める必要がある．

(1) 定数の算定：性能計算に必要な数値を導出する．性能計算は等価回路やモータのモデルを使って行う．そのために必要なインダクタンスなどの諸数値を導出する．

(2) 機械的成立性：鉄心の打ち抜き寸法が現実的であるか，遠心力に対しての強度はあるかなどの確認を行う．そのために細部の検討を行う．これにより決定した諸元の変更もありうる．

(3) 絶縁設計：絶縁寿命を推定する．モータの絶縁は耐電圧性能で決まるのではなく，温度の要因から決まる．温度の要因とは絶縁寿命への影響である．そのためには絶縁物の厚さも関係するので，各部の寸法の変更が必要なことがある．

(4) 冷却：冷却方法を決定し，水などの冷媒との伝熱を検討し，温度上昇を予測する．抜熱にはフレームを伝熱通路として行うことが多いが，鉄心に冷媒通路を開けたり，冷媒を直接コイルと接触させたりすることもある．

(5) 製造からの検討：電磁気設計は製造による制約や限界を考慮せずに行うことがある．特に巻線は巻線方法により製造限界が異なるので，実現可能な設計であるかを検討する．

5.6 性能計算とは

設計が一通り終了すれば，性能計算に必要な諸量が数値化できる．性能計算により性能を予測し，設計結果の可否を検討する．性能計算にはいろいろな方法があるが，設計計算の一部として行うので，計算負荷の大きくない方法が用いられる．

最も広く用いられるのは等価回路による方法である．モータの等価回路により，電圧，電流の関係から出力を求めることができる．各部の形状，仕様が決まれば，経験式や経験的な係数を使って，等価回路定数を求めることができる．

等価回路では磁気現象をインダクタンスにより表すが，永久磁石の磁束はインダクタンスでは表すことができない．そのため，永久磁石の磁束を磁束密度として表す．あるいは，鎖交磁束として，ベクトル図モデルから得られる諸式により性能計算する．

ここまでの設計では銅損，鉄損を精度良く考慮できないので効率の計算精度が低い．効率計算の精度を上げるには様々な解析，シミュレーションが考えられる．しかし，ここでの性能計算は設計計算の一部であり，手軽に計算できることが望まれる．この段階でシミュレーションレベルの詳細な解析により精度良く効率を導出するかどうかはよく検討すべきである．

以上，モータ設計の全体の流れについて概要を示した．次章からは，それぞれの詳細について述べてゆく．

6 概略設計

概略設計では設計仕様に基づき設計の初期値を設定する．初期値の設定とは主要寸法を決定することである．初期値により以後の設計作業の難度が決まってしまうので，重要な作業である．概略設計では実績値，経験値を使うため，機械的に行うことができない．設計者の手と頭を使う必要がある．モータ設計のうち最も難しい作業であるといえる．

6.1 出力密度とトルク密度

モータの大きさの指標としてよく使われるのが出力密度とトルク密度である．出力は回転数とトルクの積であり，回転数あたりの出力密度がトルク密度である．トルクは電流に比例するので，トルク密度はモータの電磁気的な性能を表すことになる．

6.1.1 体積密度と重量密度

出力密度として，出力重量密度（kW/kg）と出力体積密度（kW/L）が使われる．このとき注意すべきは，どの部分の体積または重量を基準とした密度なのかである．すなわち，次のような基準が用いられている．

(1) 外形寸法の体積
(2) 電磁気体積（エアギャップを含まない固定子鉄心の体積）
(3) 回転子体積（エアギャップ体積）

(1) の外形寸法の体積，重量での指標は，ある用途のモータの進歩などの説明に使われることが多い．ユーザとしては非常にわかりやすいが，設計の参考にはなりにくい．すなわち，外形寸法とは，フレームの体積であり，冷却法によりフレームの大きさは異なる．また，重量には軸や端子などまで含まれ，これも用途により異なる．したがって，この基準は，仕様がよく似た同一用途のモータの場合に限り概略設計段階での参考にすることができる．

(2) の電磁気体積は固定子鉄心外径を使い，固定子を円柱として考えた体積を表している．コイルエンドは含まない．電磁気体積は固定子，回転子の鉄心を表しており，モータとしてトルクを発生する部分に相当する．この基準は，モータの電磁気的な設計の比較に適している．

(3) の回転子体積（またはエアギャップ体積）は，モータの設計書でよく使われる指標である．エアギャップがごく小さいため，概略設計の段階では回転子外径，エアギャップ直径，固定子内径が等しいとして同一に扱う．

このように，密度の基準が異なるので，どの基準の出力密度を使うのかをはっきりさせなくてはならない．また，出力密度による検討は実績値からの出発となる．そのため，どのような実績値を利用して主要寸法を設定するのかが最も重要な選択となる．

6.1.2 出力密度

一般に，出力密度は (2) で示した電磁気体積を基準に表されていることが多い．電磁気部分とは，固定子の外径 D_o と積厚 L からなる円柱である．コイルエンドは含まない．電磁気部分の出力重量密度（kW/kg）と出力体積密度（kW/L）は，互いに比例すると考えてよい．電磁気部分はほとんど鉄心で構成されている．鉄の比重は約 7.8（$\mathrm{g/cm^3 = kg/L}$）である．電磁気部分には銅線もあり，銅の比重は 8.5 で，鉄より重い．しかし，有機材料で構成される絶縁物もあり，空気の部分も含まれている．したがって，全体が一様に鉄であると仮定して比重 7.8 をそのまま使って換算できる．この場合，$1\,\mathrm{kW/kg} = 0.128\,\mathrm{kW/L}$ として考えればよい．

電磁気部分の出力密度の値には回転数，出力，冷却法などの要因が関係しており，用途により異なるが，0.1〜1 kW/kg 程度が相場とされている．

6.1.3 トルク密度

トルク密度は前項の出力密度と同じように電磁気体積を基準として表されることが多い．ただし，トルクなので回転数が同一としての比較をする必要がある．出力密度を回転数あたりの出力とすれば，トルク密度になる．

6.1.4 推力密度

トルクは回転子で発生すると考えれば，回転子半径と回転子表面の接線方向の力の積で表される．回転子表面に生じる力の密度を考えれば，半径に無関係になる．回転子表面に発生する力はマクスウェル応力であり，その接線方向の成分が推力となる．エアギャップ面積あたりの推力を表面推力密度（$\mathrm{N/m^2}$）と呼ぶ†.

要求仕様のトルクから回転子半径を仮定すれば推力を求めることができる．表面推力密度からエアギャップ面積が求まるので，回転子の外径と積厚を求めることができる．なお，トルクとして利用できる推力は回転子の対角側も使えるので，トルクは，表面推力から求める場合の 2 倍の大きさとなることに注意を要する．

また，4.2 節で述べた長坂博士の体積あたりの力密度（1 N/cc を限界とする）は電磁気体積あたりのエアギャップ半径の発生力と定義されている．すなわち，次のように示されている．

$$\frac{T}{D_g/2} \cdot \frac{1}{\pi (D_o/2)^2 L} \times 10^{-6}\ [\mathrm{N/cc}] \tag{6.1}$$

ここで D_g はエアギャップ直径である．

従来，推力密度はリニアモータの出力を表すため，可動子の体積あたりの推力として定義された指標である．回転型モータでは推力密度による評価，設計はあまり使われてこなかった．近年，磁界解析することが容易になり，設計途上でもマクスウェル応力が比較的簡単に計算できるようになった．そのため，回転型モータの設計の指標として利用されるようになってきている．

---

† リニアモータの出力としての推力密度は体積あたりで定義されている．

6.2 電磁気体積からの初期値の設定

電磁気体積とは，固定子鉄心を，固定子外径 D_o と積厚 L からなる円柱と考えた鉄心の外形寸法の体積であり，コイルエンドを含まない．その体積を ${D_o}^2L$ として表し，${D_o}^2L$ が出力に比例するという考え方に基づいて初期値を設定する方法である．これは次節で述べるエアギャップ体積による D^2L 法とは異なるものである．この方法では固定子外径の ${D_o}^2L$ を用いているが，一般に D^2L 法とは呼ばれていないようである．

${D_o}^2L$ は固定子外径 D_o により表されるので，モータの体格としてのイメージがわかりやすい．しかし，D_o からの出力の根拠を電磁気的に説明することは難しく，単に実績値のみに基づく全く経験的な方法である．図 6.1 には類似仕様の誘導モータの実績値を示す[10]．

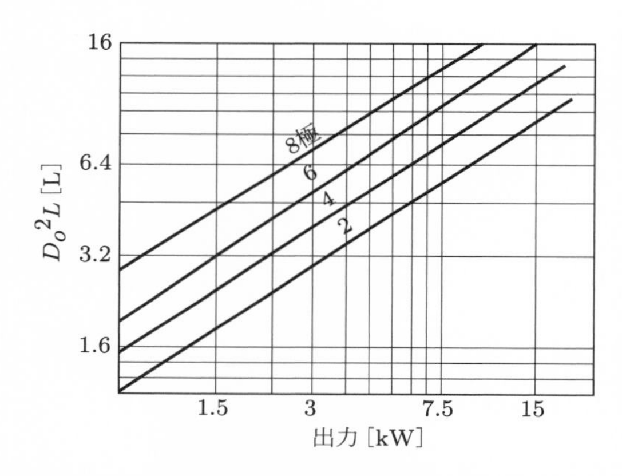

図 6.1　誘導モータの ${D_o}^2L$ 経験値（電磁気部分体積）
（文献 [10] の数値を基に筆者作成）

${D_o}^2L$ の値が決まると，それを固定子外径 D_o と積厚 L に分解しなくてはならない．また，固定子外径 D_o を各種の設計数値に展開するためには固定子内径 D_i を決めなくてはならない．いずれもこのとき，経験的に決めてゆく．

D_o と L の分解は，表 4.3 に示したように，扁平，細長を自由に設定することができる．形状の制約がない場合，バランスの良い組み合わせとして，D_o と L が 1 : 1 と等しくなる組み合わせを中心に，1 : 2 〜 2 : 1 程度の範囲が選ばれる．なお，固定子外径 D_o はモータの枠番[†1]に対応した標準的な寸法がある．枠番に対応した外径にすれば，鉄心製作時に既存の金型を使えることが多い．

固定子内径 D_i の決定は経験的に行う．D_i/D_o の比率の経験的な数値として，2 極では 0.5，4 極では 0.65，6 極では 0.7 などといわれている[8]．これは極数により極弧が異なり，ヨーク幅が異なるので，内外径比が異なることを表している．また，固定子体積が回転子体積の 3 倍になるようにする，という考え方もある[5]．

電磁気部分体積を決めるためには ${D_o}^2L$ の実績値があればよい．図 6.1 は文献に示された 50 年以上前の実績値であり，いささか古いが，参考のため示した．モータ関連の企業には ${D_o}^2L$ の社内データがあると考えられるが，筆者の知る限り，ユーザが一般的に利用できるような ${D_o}^2L$ の実績値は公表されていない．

6.3 D^2L 法（回転子体積による方法）

D^2L 法とは，エアギャップ面に相当する体積と出力が比例することを利用する方法である．前節で述べた固定子外径 D_o による電磁気体積による方法とは異なる．

モータの出力はエアギャップで発生するので，エアギャップの体積を回転子外径 D，積厚 L による D^2L により表す．なお，本節では概略設計の段階なのでエアギャップ直径 D_g，固定子内径 D_i，回転子外径 D は等しいと仮定し，すべて D と表記することにする．

モータの 1 極あたりの磁束数を Φ とし，極数 P とすると，エアギャップの総磁束数は $P\Phi$ である[†2]．エアギャップの磁束密度 B_g はエアギャップの面積 πDL と総磁束数 $P\Phi$ により表される．

$$B_g = \frac{P\Phi}{\pi DL} \tag{6.2}$$

†1　JIS にて「枠番号」は軸心までの高さとして決められている．

†2　モータの解析の場合，極対数 $p\ (= P/2)$ を用いることが多いが，設計の場合，1 極あたりの諸量を扱うことが多いので，極数を用いる．

エアギャップの磁束密度 B_g を一定とすると，総磁束数 $P\Phi$ は DL に比例すると考えることができる．

$$P\Phi \propto DL \tag{6.3}$$

ここからは巻数でなく，導体数を用いて検討する．巻数と導体数の関係を図 6.2 に示す[†]．図の場合，巻数は 1 であるが，導体数は 2，スロット内導体数は 1 となるので注意してほしい．

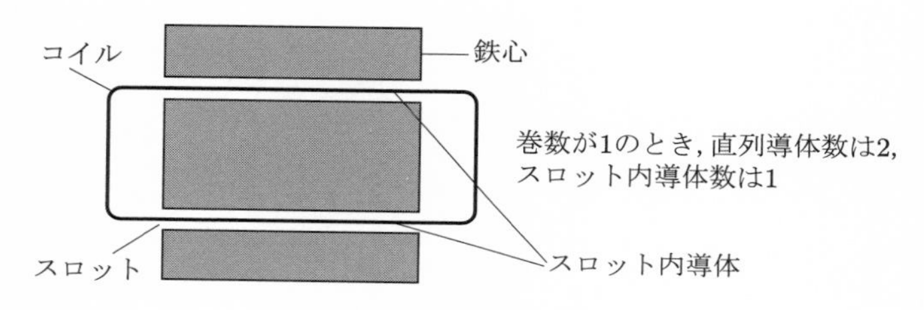

図 6.2　巻数と導体数

ここで，導体数 Z と電流 I の積を考え，ZI をアンペア導体数と呼ぶ．1 相の直列導体数を Z_{ph} とすると，三相モータの場合，全アンペア導体数は $3Z_{ph}I$ となる．エアギャップ円周上の単位長さあたりのアンペア導体数 a_c を次のように定義する．

$$a_c = \frac{3Z_{ph}I}{\pi D} \tag{6.4}$$

すなわち，次のような関係がある．

$$3Z_{ph}I = \pi D a_c \tag{6.5}$$

単位長さあたりのアンペア導体数 a_c は電流密度，発熱などから決定される．すなわち，モータの出力が異なってもそれほど変化しないと考えられる．そこで，a_c を一定とすると，次のように考えることができる．

$$Z_{ph}I \propto D \tag{6.6}$$

† 導体数は巻数の 2 倍である．電気機器の教科書では巻数で説明されることが多いので注意を要する．

モータの発生する電磁力は磁束と電流に比例する．すなわち，発生トルク T はエアギャップの総磁束数 $P\Phi$ と全アンペア導体数 $3Z_{ph}I$ の積に比例することになる．したがって，トルクは次のような比例関係にあることがわかる．

$$T \propto (P\Phi) \cdot (Z_{ph}I) \tag{6.7}$$

式 (6.3), (6.6) を代入すると次のような関係が得られる．

$$T \propto D^2L \tag{6.8}$$

トルクと回転数の積が出力 P_o なので，回転数 $N\,[\mathrm{min}^{-1}]$ を考慮して，次のように表す．

$$T \propto \frac{P_o}{N} \propto D^2L \tag{6.9}$$

すなわち，回転数あたりのモータ出力 P_o は D^2L に比例するという関係が得られる．

$$P_o = KD^2L \cdot N \tag{6.10}$$

式 (6.10) の比例定数 K を出力係数と呼ぶ．出力係数 K は一定ではなく，モータの種類や容量に応じて異なる．また，K の値は実績値から得られる．実績値として，出力係数を次のような寸法係数 ξ として表している場合がある[1]．

$$\xi = \frac{N}{EI} D^2L \tag{6.11}$$

ここで，EI は容量（kVA）で表した出力である．寸法係数 ξ は参考文献 [1] では出力に対する図として示されているが，そこから数値を拾うと，それぞれの出力で表 6.1 に示すような値となる．

また，D^2L の出力による変化を実績値から次のようにトルクで示した例もある[8]．

$$D^2L \propto T^{0.8} \tag{6.12}$$

D^2L が求まると，直径 D と積厚 L に分解する必要がある．同一の D^2L であっても，表 4.3 に示したように回転子表面積が異なる．すなわち，磁極の面

表 6.1　寸法係数 ξ の数値例（参考文献 [1] の図を基に筆者作成）

出力	10 kW	100 kW	1000 kW
直流機 $\xi = \dfrac{N}{\mathrm{kW}} D^2 L$	80×10^4	47×10^4	37×10^4
同期機（水車発電機）$\xi = \dfrac{N}{\mathrm{kVA}} D^2 L$	140×10^4	90×10^4	33×10^4
誘導機 $\xi = \dfrac{N}{\mathrm{kW}/\eta \cos\varphi} D^2 L$	95×10^4	63×10^4	45×10^4

積が異なるので総磁束数が異なる．また，エアギャップは冷却面となるので，回転子表面積は冷却にも影響する．

経験的には，回転子外径 D と積厚 L の分配は次のような考えで行われる．

(1) 回転子の周速は D に比例するので，D は周速の限界速度以下にする．最高回転数のときの接線方向速度の限界は回転子の構造にもよるが，一般的には 50〜70 m/s 程度が上限である．

(2) D，L のいずれかが極端に大きいとコストが高くなる．D が大きいとコイルエンドが大きくなるので，巻線の量が増える．L が大きいと必要な鉄心の量が増える．

(3) D が大きいほど「銅機械」の傾向となる．銅機械は鉄損よりも銅損が大きい．銅損はスロット内のコイルで発生するので温度上昇が大きくなる．

(4) L が大きいほど「鉄機械」の傾向となり，銅損より鉄損が大きい．漏れ磁束が大きくなる．

(5) コイルエンド高さのフレームの軸方向寸法への影響を考えたとき，L が大きいほどコイルエンド高さの影響が少ないが，D が小さく扁平な場合にはコイルエンド高さの影響が大きくなる．

D，L の分解はこのように自由に決められるが，交流モータの場合，数値的に決める方法もある．交流モータの極数は回転数および周波数により決まってくるが，設計に際しては極ピッチが極数を決めるための制約条件となる．極

ピッチ τ_P [m] とは1極あたりの弧の長さであり，次のように表される[†1].

$$\tau_P = \frac{\pi D}{P} \tag{6.13}$$

極ピッチは D から決まるが，極ピッチと積厚 L の比率がある範囲にないと現実的なコイルにならない．そのため，次のような範囲で選定する．

$$\frac{L}{\tau_P} = \frac{PL}{\pi D} = 0.5 \sim 2.0 \tag{6.14}$$

一般には，$L/\tau_P = 1$ にするのがバランスの良い設計であるといわれる．小型モータや2極機の場合には1より大きくしたほうが良いともいわれている．

式 (6.14) に示したように，容量，巻線方式などを基に，最適な L/τ_P が実績値から設定されている場合，次のように D^2L から L と D を分離することができる．

$$D = \sqrt[3]{\frac{P}{\pi(L/\tau_P)} \cdot (D^2 L)} \tag{6.15}$$

$$L = \left(\frac{L}{\tau_P}\right) \cdot \frac{\pi D}{P} \tag{6.16}$$

6.4 装荷法

モータの出力は電流と磁束の積により得られることから，電流成分を電気装荷，磁束成分を磁気装荷と呼ぶ．装荷法とは，それぞれの装荷を検討する方法である[†2].

モータの1相あたりの出力 P_o は効率 η，力率 $\cos\phi$ を用いると次のように表される．

$$P_o = \eta E I \cos\phi \tag{6.17}$$

---

†1 正確には $\tau_P = \pi D_i / P$ であり，固定子内径から求めなくてはならない．また，極ピッチはスロット数で表す場合もあるので注意を要する．

†2 装荷は Loading の訳語で，挿入，注入，取付けなどを意味する．かつては技術用語としてよく使われていた．

効率，力率とも 1 であると仮定すると次のように表せる．

$$P_o \cong EI \tag{6.18}$$

すなわち，モータ出力を 1 相あたりの容量 EI [VA] として，誘導起電力 E と線電流 I の積として考えることができる．

E は 1 相の誘導起電力の実効値であり，次のように表される．

$$E = 4.44N_{ph}P\Phi f \tag{6.19}$$

ここで，1 相の直列巻数 N_{ph}，極数 P，1 極あたりの磁束数 Φ，周波数 f である．

前節でも述べたように，設計の数値として使われるのは巻数ではなく，1 相の導体数である．式 (6.19) を導体数で表すと，$Z_{ph} = 2N_{ph}$ となるので，誘導起電力の係数は 1/2 になる．

$$E = 2.22Z_{ph}P\Phi f \tag{6.20}$$

この関係を用いると，モータの 1 相あたりの出力は次のように表すことができる．

$$P_o = 2.22Z_{ph}IP\Phi f \tag{6.21}$$

この式において，総磁束数 $P\Phi$ を磁気装荷（単位 Wb）と呼ぶ．

また，1 極あたりのアンペア導体数を A_c として全アンペア導体数を表すと次のようになる．

$$PA_c = 3Z_{ph}I \tag{6.22}$$

エアギャップ円周上の単位長さあたりのアンペア導体数 a_c を用いて，1 相の直列導体数 Z_{ph} を表すと次のようになる．

$$a_c = \frac{3Z_{ph}I}{\pi D} \qquad \text{(6.4) 再掲}$$

すなわち，全アンペア導体数は次のようになる．

$$PA_c = \pi D a_c \tag{6.23}$$

全アンペア導体数 PA_c を電気装荷（単位 A）と呼ぶ†.

ここで，$N = 120f/P$ の関係を用いて，周波数 f でなく，回転数 N で表すことにする．また，式 (6.21) で，2.22 として一定値にしている係数を含めたすべての係数を一つの係数 K_o と表すことにする．これは，実際の誘導起電力は正弦波を仮定した理論値より低くなり，設計時には理論値である 2.22 に，さらに係数をかけて考える必要があるからである．これにより，モータ出力は次のように表される．

$$P_o = K_o(PA_c)(P\Phi)N \tag{6.24}$$

すなわち，モータ出力は電気装荷 PA_c と磁気装荷 $P\Phi$ の積に比例する．このときの K_o もまた，出力係数と呼ばれている．

さらに，式 (6.2) で示したエアギャップ磁束密度 B_g は単位面積あたりの磁束数を表しているが，これを比磁気装荷（単位 $\mathrm{Wb/m^2} = \mathrm{T}$）と呼ぶ．

$$B_g = \frac{P\Phi}{\pi DL} \qquad \text{(6.2) 再掲}$$

また，式 (6.4) で示した単位長さあたりのアンペア導体数 a_c を比電気装荷（単位 A/m）と呼ぶ．

$$a_c = \frac{PA_c}{\pi D} = \frac{A_c}{\tau_P} \tag{6.25}$$

ここで，τ_P は式 (6.13) で示した極ピッチである．

装荷と比装荷の関係は次のように表される．

$$\text{電気装荷} \quad PA_c = \pi D \cdot a_c \tag{6.26}$$

$$\text{磁気装荷} \quad P\Phi = \pi DL \cdot B_g \tag{6.27}$$

装荷法では，まず，出力から電気装荷と磁気装荷の積を求め，それをどのように分配し，その装荷を実現するような寸法を導出するという手順で進んでゆく．その際に基本となるのが比装荷の数値である．数値については次節で述べる．

---

† 本来はアンペア回数とすべきであるが，起磁力として扱うので [A] を用いる．

実は，前節で述べた D^2L 法は電気装荷，磁気装荷を使っても説明できる．すなわち，比磁気装荷（エアギャップの磁束密度）B_g は一定値と考えることができるので，磁気装荷 $P\Phi$ はエアギャップの表面積に比例する．

$$P\Phi \propto DL \tag{6.28}$$

比電気装荷（単位長さあたりのアンペア導体数）a_c は一定値と考えることができるので，電気装荷 PA_c は円周長に比例する．すなわち，D と比例する．

$$PA_c \propto D \tag{6.29}$$

以上をまとめると次のようになる．

$$P_o = K_o\,(PA_c)\,(P\Phi)N \tag{6.30}$$

$$P_o \propto D^2LN \tag{6.31}$$

すなわち，モータ出力は D^2L に比例するという関係が電気装荷，磁気装荷によっても説明することができる．

6.5 装荷の分配と寸法の導出

モータを設計する場合，4.4 節で述べたように，各部の寸法を単純に比例設計しても長さに比例する要因，面積に比例する要因，体積に比例する要因があるため，同じようなバランスの設計とならない．電気装荷と磁気装荷の割合についても同じことがいえる．出力が異なる場合には電気装荷と磁気装荷の比率が異なる．そのため，出力に応じて最適な割合に分配することになる．

たとえば，比電気装荷 a_c はエアギャップ上の円周上の単位長さあたりの電気装荷で，式 (6.25) により示される．

$$a_c = \frac{PA_c}{\pi D} = \frac{A_c}{\tau_P} \qquad \text{(6.25) 再掲}$$

比電気装荷 a_c を一定値と考える．いま，電流密度が同一で寸法だけを n 倍したとする．このとき，極ピッチは n 倍となるが，導体の断面積は n^2 倍となるので電気装荷も n^2 倍となる．したがって，寸法を n 倍したときの比電気装荷

a_{cn} は次のようになる．

$$a_{cn} = \frac{n^2 A_c}{n\tau_P} = nA_c \tag{6.32}$$

すなわち，比電気装荷は寸法比と同じ割合で増加することになる．このことは，単位長さあたりの電流または導体数が寸法比と同じ割合で増加することを表している．電気装荷を寸法比と同じ割合で増加させると，銅損は電流の 2 乗に比例するので銅損が増加し，温度上昇が大きくなる．出力を大きくする場合，電気装荷の増加を磁気装荷の増加より小さめにする必要がある．

バランスの良い設計をするには，出力に応じて電気装荷と磁気装荷とがある関係を満たす必要がある．そのため，電気装荷と磁気装荷の割合を次のように考える．

$$P\Phi = C(PA_c)^\gamma \tag{6.33}$$

ここで，γ は装荷分配定数と呼ばれ，$1 < \gamma < 2$ である．C はモータの形式で決まる経験的な定数である．なお，実際の分配の場合，モータ形式，出力などに応じた分配定数の実績値を用いる．装荷分配定数 γ は小型機では 1 に近く，大型になるほど 2 に近づく．なお，文献 [1] には同期モータでは 1.5，誘導モータでは 1.3 という数値が示されている．

必要な電気装荷 PA_c，磁気装荷 $P\Phi$ が数値として求まると，そこから固定子内径 D と L を求めることができる．磁気装荷 $P\Phi$ は全磁束数であるから，エアギャップの磁束密度は式 (6.2) で表される．

$$B_g = \frac{P\Phi}{\pi DL} \tag*{(6.2) 再掲}$$

これより，L は次式で求めることができる．

$$L = \frac{P\Phi}{\pi DB_g} \tag{6.34}$$

また，電気装荷 PA_c は式 (6.25) で表されるので，D は次式で求めることができる．

$$D = \frac{PA_c}{\pi a_c} \tag{6.35}$$

この方法で D と L を求めるためには，比磁気装荷 B_g と比電気装荷 a_c の数値が必要である．いずれも，現在の現実的な数値として，比磁気装荷（エアギャップ磁束密度）B_g は 0.6～1.0 [T]，比電気装荷 a_c は 10～55 [A/mm] といわれている．

電気装荷 PA_c の割合が大きいものが銅機械である．電気装荷が大きいことは導体を増やすことなので D が大きくなる．また，磁気装荷 $P\Phi$ の割合が大きいものが鉄機械である．磁気装荷が大きいことは磁極面積を増やすことなので L が大きくなる．

なお，電気装荷，磁気装荷については設計書ごとに定義が異なっている．本書では電気装荷 PA_c は全アンペア導体数と定義し，磁気装荷 $P\Phi$ は全磁束数と定義している．しかし，1 極あたりの磁束数を磁気装荷，1 極あたりの電気装荷を電気装荷と呼ぶ場合がある．さらに，本書で述べる比電気装荷 a_c に対応する（全アンペア導体数）/（エアギャップ円周長）を電気装荷と呼ぶ場合もある．このように，用語が統一して定義されていないので注意を要する．しかし，それぞれの意味することは同じである．すなわちアンペア導体数と磁束数である．ただし，それぞれの定義により数値は異なる．これは電気機器の設計が経験の伝承により行われ，企業や大学などの内部でそれぞれ別個に設計が行なわれてきたことによるものである．やむを得ないことであるが，初学者が混乱するのが現実である．

6.6　では，どうするか

モータの概略設計は，主要な数値を決定し，現実的な設計初期値を定めるのが目的である．そのためにはいろいろな手法があるが，いずれにおいても実績値が必要なので，実績がない場合には使えない．

実績値がない場合，詳細（特性）がわかっている，実績のある，お手本となる類似のモータを選ぶことから始める．お手本をそのまま初期形状とするか，一部変更することが考えられる．このときに，どのように初期形状を変更するかというアプローチには次の 2 通りがある．

- 要求仕様を高くして，無いものねだりとなるような形状から出発して，緩めてゆく．
- 確実に設計できる安全側の形状から出発して，詰めて改良してゆく．

この選択は開発者の考え方によるところが大きいが，設計するなら，他と差別化したい，と考えるのはよくあることである．しかし，後述するが，モータを設計できたとしても，製造できなくては意味がない．また，製造できたとしても，所定の寿命を満たさないと役に立たない．設計を進めてゆくに従って，そのような観点からの様々な制約が出てくるはずである．

また，設計の教科書には数々の統計値，実績値が示されている．本書でも，これらの数値を適宜引用している．しかし，これらの数値は古いということを認識する必要がある．技術の進歩によりモータの出力密度は高くなってきている．数値によっては 10 倍近く変わっているものもある．モータメーカは社内で使う諸数値をそれぞれ決めているはずである．

なお，本章では極数は仕様により与えられ，既知である前提で説明した．すなわち，商用電源駆動の交流モータの場合，仕様で与えられる回転数により，極数が決まってしまう．しかし，近年のインバータで制御する交流モータの場合，周波数を可変できるので，極数は自在に設定できる．

固定子の極数が多いと，駆動周波数が高くなる．これにより鉄損が増加する．また，誘導起電力とインバータの出力電圧で回転数上限が決まる．したがって，インバータの仕様も合わせて検討し，モータドライブシステムとしてモータの極数を設定する必要がある．

永久磁石モータの場合，回転子の極数も設定しなくてはならない．すなわち，永久磁石の大きさ（幅）が現実的になるような極数に設定しなくてはならない．さらに，回転子の極数は磁気回路の設計にも影響する．詳細設計においては，固定子のスロット数と回転子の極数の組み合わせにより巻線係数（第 8 章で後述）も変化する．したがって，固定子だけで考えるのではなく，回転子と合わせて設計を進めてゆく必要がある．

数値例

仕様，図面は付録に示す．

＊仕様および図面により与えられた諸数値

定格トルク	1.8 Nm
定格電流	$I = 5\,\mathrm{A}$（D モデル），4.6 A（D2 モデル）
極数	$P = 4$（D モデル），2（D2 モデル）
固定子外径	$D_o = 112\,\mathrm{mm}$
固定子内径	$D_i = 56\,\mathrm{mm}$
エアギャップ直径	$D_g = 55.5\,\mathrm{mm}$
回転子外径	$D = 55\,\mathrm{mm}$
固定子積厚	$L = 60\,\mathrm{mm}$（D モデル），70 mm（D2 モデル）
回転子積厚	$L = 65\,\mathrm{mm}$（D モデル），70 mm（D2 モデル）
巻数	$N_{ph} = 140$（D モデル），102（D2 モデル）
1 相の直列導体数	$Z_{ph} = 280$（D モデル），204（D2 モデル）

＊諸量の例†

①電磁気体積

$$\pi \times \left(\frac{0.112}{2}\right)^2 \times 0.06 = 5.9 \times 10^{-4} = 0.59\,\mathrm{L} \quad \text{(D モデル)}$$

$$\pi \times \left(\frac{0.112}{2}\right)^2 \times 0.07 = 6.9 \times 10^{-4} = 0.69\,\mathrm{L} \quad \text{(D2 モデル)}$$

②電磁気体積基準のトルク密度

3.05 Nm/L，0.39 Nm/kg　（D モデル）

2.61 Nm/L，0.33 Nm/kg　（D2 モデル）

③エアギャップ面積

$$\pi \times 0.055 \times 0.06 = 10.4 \times 10^{-3}\,\mathrm{m}^2 \quad \text{(D モデル)}$$

$$\pi \times 0.055 \times 0.07 = 12.1 \times 10^{-3}\,\mathrm{m}^2 \quad \text{(D2 モデル)}$$

④エアギャップ面積あたりの推力密度

回転子片側の推力 $(1/2) \times 1.8/(0.055/2) = 32.7\,\mathrm{N}$ となるので，表面推力密度は，

$$\frac{32.7}{10.4 \times 10^{-3}} = 3.14 \times 10^3 = 3.14\,\mathrm{kN/m^2}\ (= \mathrm{kPa}) \quad \text{(D モデル)}$$

† 概略設計の段階なので，$D = D_g = D_i$ として考えている．

$$\frac{32.7}{12.1 \times 10^{-3}} = 2.70 \times 10^3 = 2.70\,\mathrm{kN/m^2}\ (=\mathrm{kPa})$$ （D2 モデル）

⑤電磁気体積あたりの力密度：式 (6.1)

$$\frac{1.8}{55.5 \times 10^{-3}/2} \times \frac{1}{0.59 \times 10^{-3}} \times 10^{-6} = 0.110\,\mathrm{N/cc}$$ （D モデル）

$$\frac{1.8}{55.5 \times 10^{-3}/2} \times \frac{1}{0.69 \times 10^{-3}} \times 10^{-6} = 0.094\,\mathrm{N/cc}$$ （D2 モデル）

（注）この項目では式 (6.1) を用いているので，$D_g = 55.5\,\mathrm{mm}$ を使用している．

⑥固定子外径での $D_o{}^2L$

$D_o{}^2L = (0.112)^2 \times 0.06 = 7.53 \times 10^{-4}\,\mathrm{m^3} = 0.753\,\mathrm{L}$ （D モデル）

$D_o{}^2L = (0.112)^2 \times 0.07 = 8.78 \times 10^{-4}\,\mathrm{m^3} = 0.878\,\mathrm{L}$ （D2 モデル）

⑦固定子外径と積厚の比

$D_o/L = 112/60 = 1.87$ （D モデル）

$D_o/L = 112/70 = 1.6$ （D2 モデル）

⑧固定子内外径比　$D_i/D_o = 0.5$

⑨回転子外径での D^2L

$D^2L = (0.055)^2 \times 0.06 = 0.182 \times 10^{-3}\,\mathrm{m^3} = 0.182\,\mathrm{L}$ （D モデル）

*回転子の積厚 L は固定子の積厚を有効な積厚として考える

$D^2L = (0.055)^2 \times 0.07 = 0.212 \times 10^{-3}\,\mathrm{m^3} = 0.212\,\mathrm{L}$ （D2 モデル）

⑩回転子外径と積厚の比 D/L

$D/L = 55/60 = 0.917$ （D モデル，有効な積厚）

$D/L = 55/70 = 0.786$ （D2 モデル）

⑪極ピッチ τ_P：式 (6.13)

$$\tau_P = \frac{\pi \times 55 \times 10^{-3}}{4} = 43.2 \times 10^{-3} = 43.2\,\mathrm{mm}$$ （D モデル）

$$\tau_P = \frac{\pi \times 55 \times 10^{-3}}{2} = 86.4 \times 10^{-3} = 86.4\,\mathrm{mm}$$ （D2 モデル）

⑫極ピッチと積厚の比率 L/τ_P：式 (6.14)

$$\frac{L}{\tau_P} = \frac{60}{43.2} = 1.39$$ （D モデル）

$$\frac{L}{\tau_P} = \frac{70}{86.4} = 0.81 \quad \text{(D2 モデル)}$$

⑬電気装荷 PA_c：式 (6.22)

$$PA_c = 3 \times 280 \times 5 = 4200\,\mathrm{A} \quad \text{(D モデル)}$$

$$PA_c = 3 \times 204 \times 4.6 = 2815\,\mathrm{A} \quad \text{(D2 モデル)}$$

⑭比電気装荷 a_c：式 (6.25)

$$a_c = \frac{4200}{4 \times 43.2} = 24.3\,\mathrm{A/mm} \quad \text{(D モデル)}$$

$$a_c = \frac{2815}{2 \times 86.4} = 16.3\,\mathrm{A/mm} \quad \text{(D2 モデル)}$$

⑮磁気装荷 $P\Phi$：式 (6.27)

比磁気装荷 B_g を 1 T と仮定すると次のようになる．

$$\mathrm{P}\Phi = \pi \times 0.055 \times 0.06 \times 1 = 10.4 \times 10^{-3}\,\mathrm{Wb} \quad \text{(D モデル)}$$

$$\mathrm{P}\Phi = \pi \times 0.055 \times 0.07 \times 1 = 12.1 \times 10^{-3}\,\mathrm{Wb} \quad \text{(D2 モデル)}$$

COLUMN

なぜ D^2L なのか

モータの設計の説明で，回転子や固定子の体積を表すために D^2L を使っています．回転子も固定子も円柱なので，体積は（底面積）×（高さ）のはずで，半径を使って求めるはずです．なぜ直径を使うのでしょうか．

実は，モノとして固定子，回転子を見たとき，直接見えるのは直径です．直径は直接測定できます．モノづくりでは直径を使うのです．半径は直接見えないのでモノの寸法ではないのです．

話は変わりますが，ϕ8 と直径を示していることがあります．年配の人に多いのですが，これを「パイ ハチ」とか「ハチ パイ」と呼んでいることがあります．なぜそう呼ぶようになったのかは定かではありません．

JIS では「マル ハチ」と読むことになっています．実は図面で使う「ϕ」はギリシャ文字ではなく，単なる直径記号で，「マル」と読むのです．記号をゼロと区別するために○に斜線を入れたのが起源のようです．しかし，これを「ファイ」と読む人が多いので JIS でも「ファイ」と呼んでよいことになりました．本書でもギリシャ文字の ϕ を使っています．このほか，JIS には「□」という記号がありますが，これは「カク」と呼ぶと規定されています．

7 鉄心設計

鉄心設計で鉄心の形状を決定する．鉄心は磁路となり，磁極となる．すなわち，モータの磁気に関する設計を行う．概略設計でモータの主要寸法を仮設定したが，鉄心設計により電磁気部分の詳細な寸法を決定することになる．

7.1 鉄心設計の手順

鉄心設計は経験式を用いて進めることが多いが，磁気装荷の値から出発して鉄心設計を行うことも可能である．近年では，まず形状を仮定してしまい，磁界解析により適切な形状に変更してゆくようなやり方も行われている．

鉄心設計は概略設計により決めた回転子外径 D をエアギャップ直径 D_g と仮定して，次のように進めてゆく．

(1) スロット数を決定する．

(2) スロット寸法（断面積）を求める．

(3) ティース幅とヨーク幅を求める．これにより固定子外径が決まる．

(4) 回転子鉄心を決定する．

(5) ギャップ長を決定する．これにより回転子外径が決まる．

(6) 漏れ磁束を求める．

これらについて，順に説明してゆく．なお，回転子鉄心の設計については第 9 章，第 10 章にて説明する．

7.2 有効積厚

有効積厚とは，磁気的に有効な積厚を示し，見かけの物理的な長さではない．

まず電磁鋼板の占積率を考える．電磁鋼板は表面が絶縁コーティングされているので，コーティングの厚みは鉄心として有効ではない．そのため，電磁鋼板単体のそれぞれの性能として占積率がカタログに示されている．一般的な電磁鋼板の占積率は 98% 程度である．

電磁鋼板を積層した鉄心としての占積率を考慮するには，電磁鋼板単体でなく，積層作業後の鉄心の占積率が必要である．打ち抜き加工により電磁鋼板の表面の平坦度が下がることなどの理由で，積層固着後に鋼板間に隙間が入り，見かけの鉄心長さが大きくなる．これを考慮するために積層後の状態を鉄心の占積率で表す．占積率により積層後の鉄心の有効積厚 L_i として考える．鉄心の占積率については，打ち抜き加工法によりダレ，カエリの状態が異なり，積層固着法によっても違いがあるため，実績値が用いられている．現在は下記のような数値を用いるのが一般的である．

$$L_i = 0.93 \sim 0.96\,L \quad (L\text{ は見かけの積厚}) \tag{7.1}$$

また，大容量機の場合，積層鉄心間に通風のためにダクトを入れることがある．このとき，見かけの鉄心長さはダクトを含んだ寸法となる．そのため，有効積厚 L_i として，見かけの積厚 L からダクト幅を差し引いて用いる．しかし，単にダクト幅だけ積厚が減少するのではなく，ダクト部の磁束密度が低下し，磁束密度が一様でなくなる影響も考慮する必要がある．磁束分布を考慮すると次のように近似できる[1]．

$$L_i = L - \frac{3}{2}n_d d_d \tag{7.2}$$

ここで，d_d はダクト幅，n_d はダクト数である．これを，さらに正確に求めるためには磁束分布による補正を行うカーター係数（7.8 節で後述）を用いることも行われる．

見かけの積厚 L と有効積厚 L_i は設計計算において使い分けなくてはならない．たとえば，ギャップ磁束密度を求める場合には有効積厚を用いるべきである．しかし，コイル長さを求める場合には見かけの積厚を用いないと物理的な長さが求められない．

7.3 スロット数の決定

スロット数は設計数値では毎極毎相スロット数として表される．3 相の場合，毎極毎相スロット数 N_{pp} は次のように表せる．

$$N_{pp} = \frac{N_S}{3P} \tag{7.3}$$

ここで，N_S は固定子の全スロット数，P は極数である．

固定子スロット数 N_S が偶数のとき，毎極毎相スロット数 N_{pp} は整数となる．N_S を奇数とすると，N_{pp} は分数となる．このような場合，分数スロットと呼ばれる．毎極毎相スロット数 $N_{pp} = 1$ とは，図 7.1(a) に示すような場合である．本来，これを集中巻と呼んでいるが，近年では図 (b) に示すような突極直巻を集中巻と呼んでいる．この場合，$N_{pp} = 0.5$ である．このような巻線法については次章で詳しく述べる．

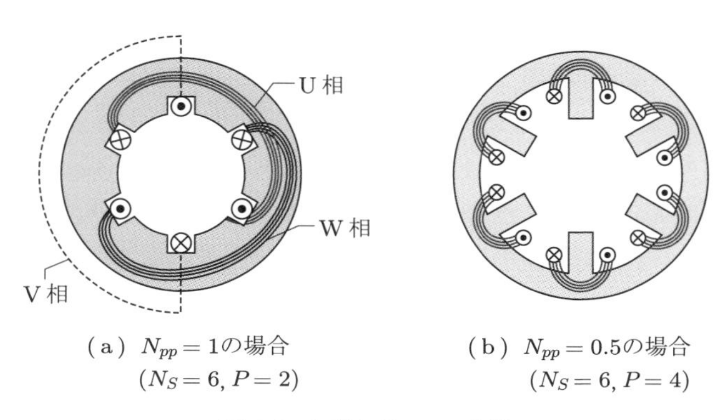

(a) $N_{pp} = 1$の場合 ($N_S = 6, P = 2$)　(b) $N_{pp} = 0.5$の場合 ($N_S = 6, P = 4$)

図 7.1　毎極毎相スロット数

毎極毎相スロット数は表 7.1 に示すように分類される．三相モータの場合，整数スロット方式ではスロット数は 6 の倍数である必要があるが，分数スロット方式の場合，スロット数は 3 の倍数でよい．そのため 9 スロット，15 スロットなどが可能になり，スロット数を少なくできる．また，分数スロット方式はコイルピッチ τ_C（表ではコイルピッチをスロット数で示している）が小さいので，コイルエンドでの引き回し距離が短くなり，コイルの全長を短くするこ

表 7.1　毎極毎相スロット数の分類

毎極毎相スロット数	スロット方式	巻線方式	コイルピッチ τ_C
$N_{pp} \leq 0.5$	分数スロット	集中巻	1 スロット
$0.5 < N_{pp} < 1$	分数スロット	分布巻	2 スロット
$1 \leq N_{pp}$	整数または分数	分布巻	3 スロット以上

とができる．それによりコイルエンドの高さも低くなる．

ふさわしいスロット数は，エアギャップ径，極数などにより異なる．スロット数はティース幅を確保し，さらにスロット寸法が適当な大きさになるように選ぶ必要がある．また，スロット数が多いほど，エアギャップの磁束は正弦波分布に近くなる．ただし，製造からの制約から，毎極毎相スロット数は $N_{pp} = 6$ 以下にすべきといわれている．

7.4　スロット断面積の決定

スロット断面積を求めるためには，まずスロット内の導体の断面積を求めることから始める．導体断面積はスロット内の電流密度の上限 Δ から決まる．スロット内の電流密度の上限は冷却法によって大きく変わる．空冷の場合，$\Delta = 5\sim10\,\mathrm{A/mm^2}$ 程度，水冷の場合，$\Delta = 10\sim20\,\mathrm{A/mm^2}$ 程度といわれる．しかし，冷却方法，過負荷耐量などによりさらに大きい値も使われ，自動車用の水冷モータでは $25\,\mathrm{A/mm^2}$ 程度で設計が行われているようである．

まず，定格電流を求める．定格電流は 1 相あたりの出力 P_o から次のように表せる．

$$I = \frac{P_o}{V\eta\cos\phi} \tag{7.4}$$

ここで，V は相電圧，η は効率，$\cos\phi$ は力率である．

定格電流と電流密度から必要な導体の断面積 q_a を求めることができる．

$$q_a = \frac{I}{\Delta} \tag{7.5}$$

ここで求めた導体の断面積 q_a は 1 相の直列導体の断面積である．1 スロット

内の導体数 Z_{slot} が 1 であれば，これが各スロットに必要な導体断面積になる．

複数の導体が同一スロットにある場合 ($Z_{slot} > 1$)，概略設計で用いた比電気装荷 a_c を用いて，各スロットの導体断面積を求める．スロットピッチ τ_S [m] は次のように表される．

$$\tau_S = \frac{\pi D_i}{N_S} \tag{7.6}$$

比電気装荷 a_c は単位長さあたりのアンペア導体数であるから，これを使うと，各スロットのアンペア導体数，すなわちスロット内を流れる電流 I_{slot} を求めることができる．

$$I_{slot} = a_c \tau_S \tag{7.7}$$

これより，各スロットに必要な導体断面積 q_a を次のように求めることができる．

$$q_a = \frac{I_{slot}}{\Delta} \tag{7.8}$$

この結果を用いると，1 相の直列導体数 Z_{ph} を確認することができる．すなわち，

$$Z_{slot} = \frac{I_{slot}}{I} \tag{7.9}$$

であるから，次の関係を用いて，すでに設定した諸量を見直すことができる．

$$Z_{ph} = Z_{slot} P N_{pp} = \frac{N_S}{3} \tag{7.10}$$

導体を 1 本のマグネットワイヤで構成することも可能であるが，通常は直径 2 mm 以下のマグネットワイヤを何本か並列にして使う．これは，あまり太いと巻線作業がしにくいこと，また，表皮効果による交流抵抗の増加を抑えたいことなどの理由による．たとえば，導体直径が 1 mm のマグネットワイヤ（エナメル線）を使うとすると，導体断面積は $0.785\,\mathrm{mm}^2$ となる．

マグネットワイヤには絶縁被覆があり，導体直径が 1 mm の場合，仕上がり外径は約 1.1 mm である．スロット面積を考える場合，マグネットワイヤ

の外径の断面積として考える必要があり，導体直径 1 mm の場合，断面積は 0.95 mm^2 としなくてはならない．

スロット内には導体のほか図 7.2 に示すように，スロット絶縁，層間絶縁などの絶縁材が配置される．また，コイルは密に巻いたとしても，コイル間には必ず隙間がある．さらに，巻線作業のためにもある程度の隙間は必要である．このような様々な要素を含めた，スロット面積に対して導体の占める面積の割合を占積率という．占積率は設計により決まる数値ではなく，巻線作業により決まる上限である．占積率には様々な定義があるが，ここではマグネットワイヤの外径の導体の断面積に対する鉄心のスロット面積とする†．占積率は通常は 50〜60% 程度として考える．求めた導体の総断面積を占積率で割れば必要なスロット面積を求めることができる．

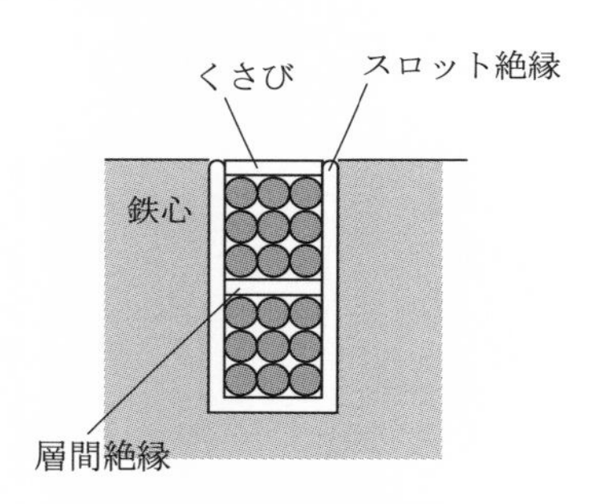

図 7.2　スロット内部の構成

スロット形状を長方形とした場合，スロット断面積から，スロット幅とスロット深さを決めることになる．スロット幅は固定子内径の円周長とスロット数から決まるスロットピッチが上限となるが，実際には次節で述べるティース幅を確保する必要がある．また，スロット深さは，固定子外径に制約がない場合，自由に設定できるが，固定子外径が決定されている場合，これも，次節に述べるヨーク幅から決めてゆく必要がある．

大容量のモータでは，図 7.3(c), (d) で示すような長方形のスロット形状が用いられるが，中小容量のモータでは図 (a), (b) で示すようなティースが平行になるような形状が取られる．これによりスロット断面積を大きくすることが

† 「入門モーター工学」[14] 第 7 章を参照のこと．

できる．

図 7.3 に示した半閉スロットの開口部は，スロット両側のティースを磁気的に絶縁するために必要である．スロットリプルの点では，開口部の幅は極力小さいことが望ましい．一方，コイルの挿入や巻線機のノズルの動作スペースなどを考えると，大きいほうが望ましい．分割鉄心でない場合，開口部の幅は通常，数 mm 程度である．また，開口部の高さは強度の点から 1 mm 程度は必要である．

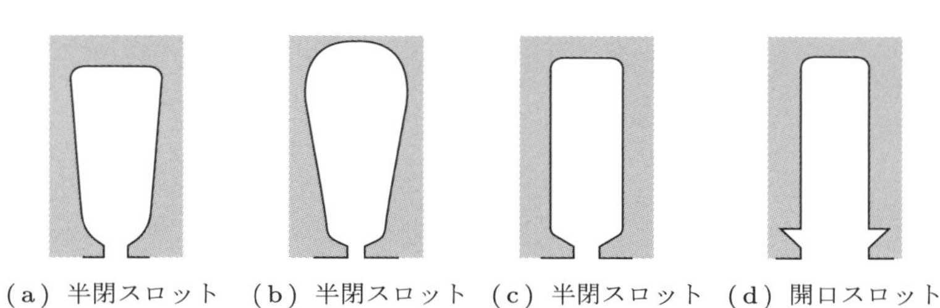

図 7.3　各種のスロット形状

このほか，効率を優先する設計では銅損の値をまず設定し，巻線抵抗値から導体断面積を先に導出することも行われる．ただし，この場合，コイルの長さも算定する必要がある．いずれにしろ，占積率は製造（巻線工程）に関係する実績値であり，電流密度は冷却に関係する実績値である．これらについては実績のある数値を用い，その製作結果を次の実績値として上限を変更してゆく必要がある．

7.5　ヨーク幅とティース幅の導出

ヨーク幅とティース幅を図 7.4 に示す．図はティース幅を一定として示している．ティース幅を決めれば，スロット面積からスロット深さが決まる．ヨーク幅を決めれば，スロット深さと合計すれば固定子外径となる．

ヨーク幅とティース幅はそれぞれの磁束密度の上限から決定する．磁束密度が低いほど鉄損が小さくなるが，磁束密度を高くしないとモータが大型化

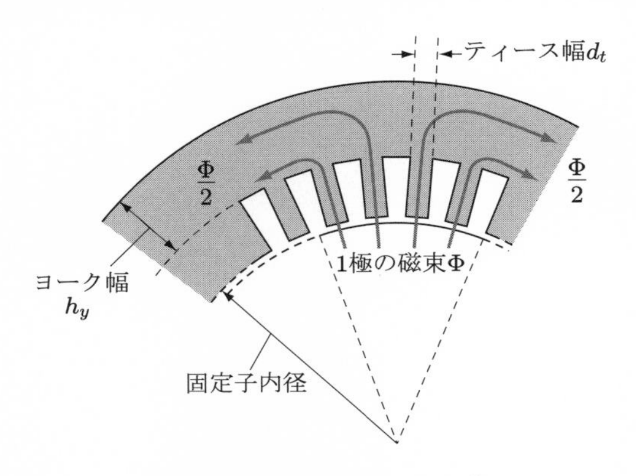

図 7.4　ヨーク幅とティース幅

する．また，磁束密度が高いと磁気飽和する．そのため，使用する電磁鋼板によっても設定する磁束密度が異なる．一般にティース部は磁束密度が変化するので，磁束密度を高めの 1.3〜1.7 T とし，ヨーク部は常に磁束密度が高いので磁束密度は低めの 1〜1.4 T とするといわれている．

ティース部の磁束密度 B_t は次のように表される．

$$B_t = \frac{\Phi}{d_t N_p L_i} \cdot \frac{\pi}{2} \tag{7.11}$$

ここで，d_t はティース幅，N_p は 1 極あたりのスロット数，L_i は有効積厚，Φ は 1 極の磁束数である．この式には $\pi/2$ の係数がかかっているが，これは磁束が正弦波状に分布していると考え，正弦波の平均値とするためである．

ティース幅が一定でない場合，磁束密度の計算は最も短い幅で行うのではなく，内径側からスロット深さの 1/3 の位置で行うという方法もある[7]．

ヨーク部の磁束密度 B_y は次のように表される．

$$B_y = \frac{\Phi}{2h_y L_i} \tag{7.12}$$

ここで，h_y はヨーク幅である．1 極の磁束が左右に分かれるため，磁束は $\Phi/2$ として考える．なお，このような計算は鉄心の占積率を考慮した有効積厚 L_i により求める必要がある．

以上，スロット形状に関する数値を決定できたが，ここで，決定したスロット幅，ティース幅が成り立つかを確認しなくてはならない．すなわち，スロット幅，ティース幅とエアギャップ周長，スロット数との関係である．その結果，各部の数値を見直す必要が出てくる．

スロット形状からスロット面積の求め方の例を示す．図 7.5 に二つのスロット形状を示す．図 (a) の場合，高さ h_1 と h_2 の二つの台形の合成と考えれば面積は求まる．図 (b) の場合も含め，スロット面積は次のように求めることができる．

$$S = \frac{1}{2}\left\{(b_1 + b_2)\,h_1 + (b_2 + b_3)\,h_2 + \pi r^2\right\} \tag{7.13}$$

この式で，図 (a) のような平底の場合は $r = 0$ とすればよい．

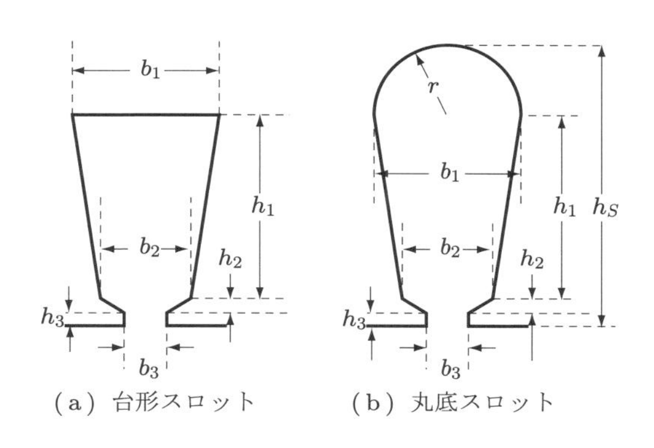

図 7.5 スロット形状

7.6 ギャップ長の決定

エアギャップは固定子，回転子の間の空隙であり，磁気抵抗となる．したがって，極力小さくするのが望ましい．ギャップ長が小さければ，励磁電流も低下し，エアギャップで生じる漏れ磁束も低下する．ただし，高調波磁束の影響は大きくなる．

ギャップ長の最小値を決める要因は機械設計にある．つまり，積層鉄心の表面精度，倒れなどの組み立て精度，軸受の遊びなどの要因があり，モータの体格から可能な最小ギャップ長がほぼ決まってしまう．一般に，ギャップ長は機械的制約が許す限り小さくする．

ギャップ長について電磁気的に説明する[7]．いま，エアギャップ面積を S [m^2]，ギャップ長を g [m] とする．このエアギャップのパーミアンス P_{mg} は次のように表される．

$$P_{mg} = \frac{\mu_0 S}{g} \tag{7.14}$$

このエアギャップに Φ [Wb] の磁束を生じさせる起磁力を AC_g [アンペア回数] とする．磁気回路のオームの法則を使うと，次のように表せる．

$$AC_g = \frac{\Phi}{P_{mg}} = \frac{g\Phi}{\mu_0 S} \tag{7.15}$$

ここで，ギャップ磁束密度 $B_g = \Phi/S$，$\mu_0 = 1.26 \times 10^{-6}$ H/m† とすると，次のようになる．

$$AC_g = \frac{g\Phi}{\mu_0 S} = \frac{1}{\mu_0} g B_g = 8.0 \times 10^5 g B_g \tag{7.16}$$

これにより，ギャップ長 g とギャップ磁束密度の平均値 B_g（比磁気装荷），電気装荷に相当する起磁力 AC_g の関係を表すことができる．ただし，実際のギャップ長を検討するには，エアギャップでの漏れ磁束，ティースの磁気飽和などを考慮しなくてはならない．

永久磁石モータのギャップ長は，回転子の永久磁石の磁気回路設計と大きく関係しており，第 9 章で詳しく述べる．

7.7 漏れ磁束の算定

鉄心形状が決定したら漏れ磁束の確認を行う．漏れ磁束とは巻線に鎖交せず，有効磁束とならない磁束である．主な漏れ磁束にはスロット漏れ磁束，ティース漏れ磁束，コイルエンド漏れ磁束がある．漏れ磁束は漏れリアクタンスとして性能計算で用いる．ここでは，各部の形状から漏れリアクタンスを求める方法について述べる．

† 2019 年の SI 改定により，$4\pi \times 10^{-7}$ は使われなくなった．

7.7.1　各種の漏れ磁束

磁束の漏れる経路により漏れ磁束を分類して考える．スロット漏れ磁束は図 7.6(a) に示すように，スロット内で短絡する磁束である．スロットを横切り，エアギャップに到達しないので有効磁束とはならない．漏れ磁束のうちスロット漏れ磁束が最も大きい．

ティース漏れ磁束は図 (b) に示すように，ティース先端部からエアギャップには出てゆくが回転子まで到達せずに，隣のティースに短絡してしまう磁束である．スロット開口部の幅の影響が大きい．エアギャップ漏れと呼ばれる場合もある．コイルエンド漏れ磁束はコイルエンドの周囲にできる磁束である．図 (c) に示すように，エアギャップとは無関係であり，出力となる有効磁束となりえない．コイルエンド漏れ磁束はすべて漏れ磁束である．

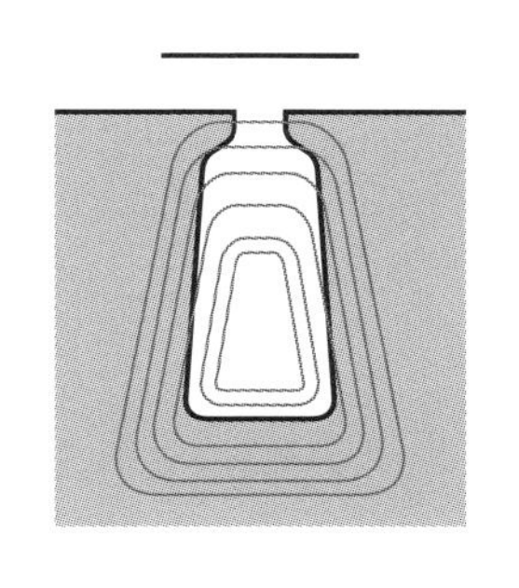

(a) スロット漏れ磁束

回転子

(b) ティース漏れ磁束

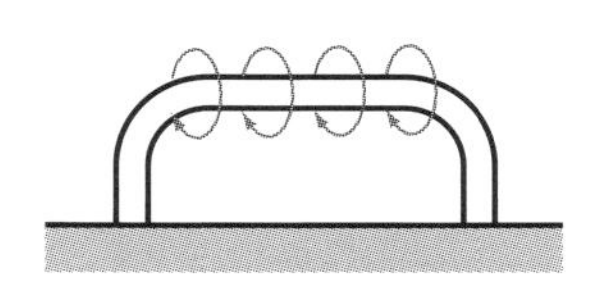

(c) コイルエンド漏れ磁束

図 7.6　各種の漏れ磁束

7.7.2　漏れインダクタンス

漏れ磁束は漏れインダクタンスとして表される．インダクタンス L は，対象とする磁路のパーミアンス P_m と巻数 N により次のように表される．

$$L = P_m N^2 \tag{7.17}$$

すなわち，漏れインダクタンスを求めることは，漏れ磁束の磁路のパーミアンスを求めることになる．パーミアンスは次のように表される．

$$P_m = \frac{\mu S}{\ell} \tag{7.18}$$

ここで，S は磁気回路の断面積，ℓ は磁路長，μ は透磁率である．

漏れ磁束は鉄心内外にわたるので，パーミアンスを正確に求める場合，鉄心部と空気部のパーミアンスの直列接続となる．すなわち，パーミアンスを求めるには，図式的に磁路を仮定して計算することが必要となる．図 7.3(d) に示すような開口スロットであれば，スロット形状は長方形であり，形状から計算することが可能であるが，複雑な形状の場合，解析的に求めるのは難しい．そのため，各種の経験式が使われる．

経験式においては，漏れ磁束のパーミアンスに対応する項として単位長さあたりの比パーミアンス係数 λ が使われる．なお，比パーミアンス係数をスロット定数と呼んでいる場合もある．漏れ磁束の経路ごとに，スロット漏れを λ_S，ティース漏れを λ_t，コイルエンド漏れを λ_e としてそれぞれ別個に考え，それらを合計する．

$$\lambda = \lambda_S + \lambda_t + \lambda_e \tag{7.19}$$

これにより，漏れインダクタンスは次のように表される．なお，経験式においては $\mu = \mu_0$ として計算されている．

$$L = \mu {Z_{ph}}^2 \frac{L_i}{N_{pp}} \lambda \ [\mathrm{H}] \tag{7.20}$$

まず，スロット内を通る磁束によるスロット漏れについて述べる．スロット漏れはスロット形状により変化する．

各種のスロット形状におけるスロット漏れ磁束の比パーミアンス係数 λ_S の経験式を表 7.2 に示す[1, 9]．ここで，表 7.2(e) に示す σ は図 7.7 に示す経験値である[9]．小型モータの場合，表 (e) の形状のスロットが採用されることも多いと思われるが，この形状についての経験式が最近の書籍に見当たらないため，図を文献 [9] より引用している．

これにより，1 相分のスロット漏れインダクタンス L_S を次のように求めることができる．

$$L_S = \mu {Z_{ph}}^2 \frac{L_i}{N_{pp}} \lambda_S \ [\mathrm{H}] \tag{7.21}$$

ティース漏れ磁束に対応する比パーミアンス係数 λ_t について，ティースを

表 7.2 スロット形状とスロット漏れパーミアンス係数

名称	スロット形状	スロット漏れパーミアンス係数
(a) オープン スロット	b_1, h_3, h_1	$\lambda_S = \dfrac{h_1}{3b_1} + \dfrac{h_3}{b_1}$
(b) 半閉スロット 角形	b_3, h_3, h_1, b_1	$\lambda_S = \dfrac{h_1}{3b_1} + \dfrac{h_3}{b_3}$
(c) 半閉スロット 角形肩あり	b_3, h_4, h_3, h_2, h_1, b_1	$\lambda_S = \dfrac{h_1}{3b_1} + \dfrac{h_2}{b_1} + \dfrac{2h_3}{b_1 + b_4} + \dfrac{h_4}{b_3}$
(d) 半閉スロット 平行ティース	b_3, h_2, h_3, b_2, h_1, b_1	$\lambda_S = \dfrac{2h_1}{3(b_1+b_2)} + \dfrac{2h_2}{b_2 + b_3} + \dfrac{h_3}{b_3}$
(e) 半閉スロット 丸底スロット	b_3, h_2, h_3, b_2, h_1, b_1	$\lambda_S = \sigma + \dfrac{2h_2}{b_2 + b_3} + \dfrac{h_3}{b_3}$ σはスロット形状による定数 (図7.7参照)

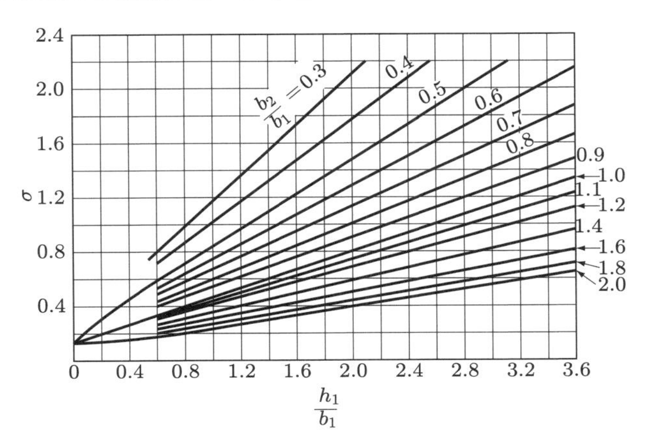

図 7.7 円形スロットのスロット形状による定数 σ

(文献 [9]「単相誘導電動機とその応用 (OHM 文庫)」, 石黒敏郎・坪島茂彦 著, オーム社 (1959) より)

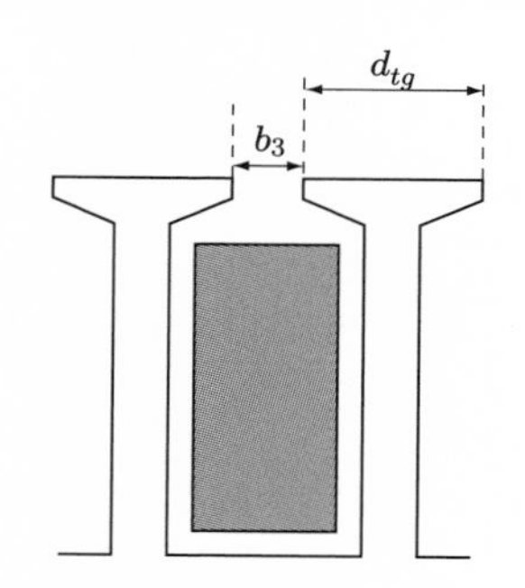

図 7.8　ティース漏れ磁束

図 7.8 のような形状として考える．エアギャップ面でのティース幅を d_{tg} とする．このとき，ティース漏れ磁束の比パーミアンス係数 λ_t は次の経験式で表される[4,7]．ただし，参考文献には設計例の数値計算が示されているが，そこには算入されていない．

$$\lambda_t = \frac{4}{\pi} \ln \frac{\pi d_{tg} + b_3}{b_3} \tag{7.22}$$

なお，ティース漏れ磁束はエアギャップ漏れ磁束と呼ばれることがある．また，ティース漏れ磁束をスロット漏れ磁束に含めて考えている場合もある．ティース漏れインダクタンス L_t は式 (7.21) と同様に，次のように求める．

$$L_t = \mu {Z_{ph}}^2 \frac{L_i}{N_{pp}} \lambda_t \ [\mathrm{H}] \tag{7.23}$$

コイルエンド漏れ磁束についてはコイルエンドが複雑な形状をしているため，様々な経験式，実験式が使われている．ばら線を使う中小型モータではコイルエンドの寸法を図 7.9(a), (b) で示す形状で考える．このとき，コイルエンド漏れの比パーミアンス係数 λ_e には次のような経験式がある[9]．

$$\lambda_e = 0.46 \cdot \frac{L_e}{L_i} \cdot \frac{N_S}{2P} \log_{10} \frac{0.75 L_e}{a+b} \tag{7.24}$$

ここで，L_e はコイルエンド部の導体長さ，N_S は固定子スロット数である．この式には，コイルエンド長さ L_e が必要である．コイルエンド長さは巻線抵抗を求める際にも必要となる．コイルエンド長さを求める経験式として次のよう

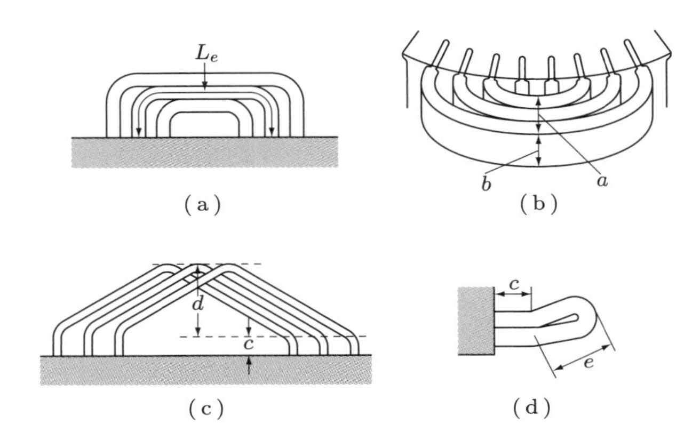

図 7.9　コイルエンド漏れ磁束

な式がある[9].

$$L_e = \frac{4.2(D_i + h_S)\tau_C}{N_S}\ [\mathrm{m}] \tag{7.25}$$

ここで，D_i は固定子内径，h_S は固定子スロットの深さ，τ_C はスロット数で表したコイルピッチ，N_S は固定子スロット数である．

また，図 7.9(c) に示すようなコイルエンドの高さ c，d により λ_e を求める経験式もある[1].

$$\lambda_e = 1.13{k_p}^2(c + 0.5d) \tag{7.26}$$

ここで，k_p は短節係数と呼ばれる巻線法により決まる係数であり，第 8 章で説明する．この方法ではコイルエンド長さの推定が不要である．さらに，類似の方法として図 (d) に示す寸法から求める経験式もある[7].

$$\lambda_e = \frac{4}{L_i \times 10^2}\ (2e + c) \tag{7.27}$$

しかし，コイルエンドは周囲が空気なのでパーミアンスが小さく漏れ磁束数は少ない．したがって，コイルエンドの漏れ磁束を無視して設計されることもある．

このほか，第 10 章で後述するジグザグ漏れ磁束は誘導モータで考慮される固定子，回転子間の漏れ磁束である．一般に同期モータはエアギャップが大きいので，漏れ磁束はティース漏れ磁束となり，通常は考えない．しかし，ギャップ長が小さい巻線形同期モータでは考慮することがある．このとき，固定子のティース幅 d_t とギャップ長 g から求める経験式がある[7,8]．

$$\lambda_z = 0.07\frac{d_t}{g} \tag{7.28}$$

近年は磁界解析が容易に行えるようになってきたので，鉄心形状から有効磁束，漏れ磁束を直接求めることが可能である．しかし，漏れリアクタンスの数値を机上計算により求めることは，設計途中ではどうしても必要である．

7.8 カーター係数と飽和係数

カーター係数はスロットなどにより磁束分布が一様にならないことを表す係数である．エアギャップの磁束密度は，図 7.10 に示すように，ティースに対応する部分は一様な磁束密度と考えられるが，スロット開口部に対応する部分は磁束密度が低下する．設計では磁束の大きさとして正弦波磁束の最大値（波高値）を使う．これはエアギャップ全体がティース部の磁束密度で一様に分布しているとしたときに相当する．実際にはスロット開口部によりエアギャップの磁束密度の平均値は低下する．

磁束分布が生じたときの補正は，磁束密度を補正するのではなく，ギャップ長が実際より長くなるように補正することにより行われる．そのために用いられるのがカーター係数である．磁気的な等価ギャップ長 g' は，機械的なギャッ

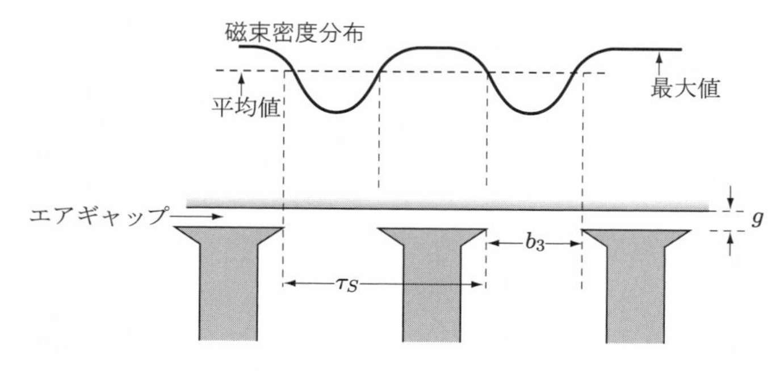

図 7.10 磁束密度の分布

プ長 g にカーター係数 k_C をかけることにより求める．すなわち，カーター係数 k_C は 1 より大きい．一般的には 1.2 以下であるといわれている．

$$g' = k_C g \tag{7.29}$$

カーター係数は磁界分布の形状により決まるが，近似式は次のように表される．

$$k_C = \frac{\tau_S}{\tau_S - g\left\{\dfrac{(b_3/g)^2}{5 + b_3/g}\right\}} \tag{7.30}$$

ここで，g は機械的なギャップ長，b_3 はスロット開口幅，τ_S は長さで表したスロットピッチである．ここまで述べた各種の経験式で，ギャップ長が必要な場合，カーター係数を考慮した g' として計算しなくてはならない．

巻線形モータや誘導モータの場合，回転子にもスロット開口部がある．このときは回転子側のカーター係数を求め，固定子側のカーター係数との積を合成したカーター係数として用いる．

飽和係数 k_s は鉄心の飽和を表すための係数である．カーター係数と合わせて，$k_C k_s g$ として，ギャップ長の補正を行う．これは全く経験的な係数であり，根拠を説明できない．通常 1.05〜1.3 程度の数値が用いられる．飽和係数は飽和の度合が大きいほど大きい値となる．

数値例　（D モデル）

＊仕様および図面により与えられた諸数値

固定子全スロット数	$N_S = 24$
極数	$P = 4$
固定子内径	$D_i = 56\,\mathrm{mm}$
固定子有効積厚	$L_i = 60\,\mathrm{mm}$（$L = L_i$ とする）
ヨーク幅	$h_y = 14.15\,\mathrm{mm}$
ティース幅	$d_t = 3.3\,\mathrm{mm}$
エアギャップ面でのティース幅	$d_{tg} = 5.33\,\mathrm{mm}$
ギャップ長	$g = 0.5\,\mathrm{mm}$

スロット各部の寸法（図 7.5）	$b_1 = 3.37 \times 2 = 6.74\,\mathrm{mm}$ $b_2 = 4.266\,\mathrm{mm}$ $b_3 = 2\,\mathrm{mm}$ $h_1 = 9.58\,\mathrm{mm}$ $h_2 = 0$ $h_3 = 0.9\,\mathrm{mm}$ $r = 3.37\,\mathrm{mm}$ $h_S = \dfrac{83.7 - 56}{2} = 13.85\,\mathrm{mm}$
コイルピッチ	$\tau_C = 5$ スロット
毎極毎相スロット数（式 (7.3)）	$N_{pp} = \dfrac{24}{3 \times 4} = 2$
1 極あたりのスロット数	$N_p = 4$
スロット内導体数	$Z_{slot} = 1$
1 相の直列導体数	$Z_{ph} = 280$
短節係数	$k_p = 0.966$（第 8 章参照）

なお，電気学会のベンチマークモデルにはコイルエンド寸法が示されていないため，コイルエンド寸法は図面の最大寸法に基づき仮定している．

＊諸量の例

①スロットピッチ：式 (7.6)

$$\tau_S = \frac{\pi D_i}{N_S} = \frac{\pi \times 56}{24} = 7.33\,\mathrm{mm}$$

②ティース幅からの磁束の逆算：式 (7.11)

$B_t = 1.5\,\mathrm{T}$ と仮定する．

$$\Phi = \frac{2}{\pi} B_t d_t N_p L_i = \frac{2}{\pi} \times 1.5 \times 3.3 \times 10^{-3} \times 4 \times 60 \times 10^{-3}$$
$$= 7.57 \times 10^{-4}\,\mathrm{Wb}$$

③ヨーク幅からの磁束の逆算：式 (7.12)

$B_y = 1.0\,\mathrm{T}$ と仮定する．

$$\Phi = 2 h_y L_i B_y = 2 \times 14.15 \times 10^{-3} \times 60 \times 10^{-3} \times 1.0$$
$$= 1.698 \times 10^{-3}\,\mathrm{Wb}$$

④スロット断面積：式 (7.13)

$$S = \frac{1}{2} \left\{ (6.74 + 4.266) \times 9.58 + (4.266 + 2) \times 0 + \pi (3.37)^2 \right\}$$

$= 70.6 \times 10^{-6}\,\mathrm{m}^2$

⑤スロット漏れの比パーミアンス係数：表 7.2(e)

$h_1/b_1 = 1.42$, $b_2/b_1 = 0.63$ を用いて，図 7.7 より $\sigma = 0.95$ とする．

$$\lambda_S = \sigma + \frac{2h_2}{b_2 + b_3} + \frac{h_3}{b_3} = 0.95 + \frac{2 \times 0}{4.266 + 2} + \frac{0.9}{2} = 1.4$$

⑥スロット漏れインダクタンス：式 (7.21)

$$L_S = \mu {Z_{ph}}^2 \frac{L_i}{N_{pp}} \lambda_S = 1.26 \times 10^{-6} \times 280^2 \times \frac{0.06}{2} \times 1.4 = 4.15 \times 10^{-3}$$

$$= 4.15\,\mathrm{mH}$$

(注) この計算例では透磁率を $\mu = \mu_0$ としている．実際の磁路は鉄心もあり，鉄心の比透磁率 μ_s を考慮するので，さらに大きくなる．

⑦ティース漏れ磁束の比パーミアンス係数：式 (7.22)

$$\lambda_t = \frac{4}{\pi} \ln \frac{\pi d_{tg} + b_3}{b_3} = \frac{4}{\pi} \ln \frac{\pi \times 5.33 + 2}{2} = 2.85$$

⑧ティース漏れインダクタンス：式 (7.23)

$$L_t = \mu {Z_{ph}}^2 \frac{L_i}{N_{pp}} \lambda_t = 1.26 \times 10^{-6} \times 280^2 \times \frac{0.06}{2} \times 2.85 = 8.4 \times 10^{-3}$$

$$= 8.4\,\mathrm{mH}$$

⑨コイルエンド長さ L_e：式 (7.25)

$$L_e = \frac{4.2\,(D_i + h_S)\,\tau_C}{N_S} = \frac{4.2(56 + 13.85) \times 5}{24} \times 10^{-3} = 61.1 \times 10^{-3}\,\mathrm{m}$$

⑩コイルエンド漏れの比パーミアンス係数

(1) 式 (7.24) を用いた場合

コイルエンドの厚み $a = 20\,\mathrm{mm}$，幅 $b = 20\,\mathrm{mm}$ と仮定する．

$$\lambda_e = 0.46 \cdot \frac{L_e}{L_i} \cdot \frac{N_S}{2P} \log_{10} \frac{0.75 L_e}{a + b}$$

$$= 0.46 \cdot \frac{61.1}{60} \cdot \frac{24}{8} \log_{10} \frac{0.75 \times 61.1}{20 + 20} = 0.083$$

(2) 式 (7.26) を用いた場合

コイルエンドの立ち上がり $c = 10\,\mathrm{mm}$，高さ $d = 20\,\mathrm{mm}$ と仮定する．

$$\lambda_e = 1.13{k_p}^2(c+0.5d) = 1.13 \times 0.966^2 \times (0.01+0.5\times 0.02) = 0.021$$

(3) 式 (7.27) を用いた場合

コイルエンドの立ち上がり $c = 10\,\mathrm{mm}$，高さ方向の長さ $e = 20\,\mathrm{mm}$ と仮定する．

$$\lambda_e = \frac{4}{L_i \times 10^2}(2e+c) = \frac{4}{0.06 \times 10^2}(2\times 0.02 + 0.01) = 0.033$$

(注)この項に示すように，コイルエンド漏れについては，経験式により数値がかなり異なる．

⑪カーター係数：式 (7.30)

$$k_C = \frac{\tau_S}{\tau_S - g\left\{\dfrac{(b_3/g)^2}{5+b_3/g}\right\}} = \frac{7.33}{7.33 - 0.5\left\{\dfrac{(2/0.5)^2}{5+2/0.5}\right\}} = 1.138$$

COLUMN

同期モータの漏れリアクタンスの経験式

漏れリアクタンスの計算は，性能計算を精度良く行うために正確に求める必要があります．そのため，よく使われている経験式を紹介しましょう．なお，詳細な説明は参考文献を参照してください．

同期機の経験式としてキルゴア（Kilgore）の公式が知られています[7, 8]．キルゴアの式では漏れリアクタンスを漏れ係数 X と比漏れパーミアンス λ の積で単位法により表します．漏れ係数 X は次式で表されます．

$$X = 3 \times 40\frac{I}{V_{ph}} f L_i P \left(N_{pp}\frac{Z_{slot}}{c}k_w\right)^2 \times 10^{-8}$$

ここで，N_{pp} は毎極毎相スロット数，c は 1 相の並列回路数，V_{ph} は相電圧，k_w は巻線係数です．

単位法による漏れリアクタンス x_ℓ は次のようになります．

$$x_\ell = X(\lambda_i + \lambda_e + \lambda_B)$$

λ_i はスロットの比漏れパーミアンスであり，次式で求めます．

$$\lambda_i = \frac{k_x}{{k_w}^2} \cdot \frac{20}{3N_{pp}}\left(\frac{h_{11}}{3b_{11}} + \frac{h_{22}}{b_{11}} + 0.2 + 0.07\frac{d_t}{g}\right)$$

この式で用いている記号は本書で用いた記号に統一していますが，初出の記号は図 7.11 に示しています．また，k_x はコイルピッチで決まる経験的な係数です．この係数についての詳細は文献 [7, 8] を参照してください．

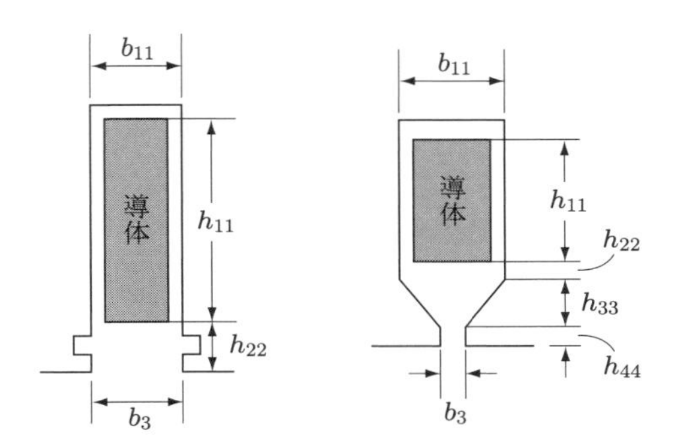

図 7.11　スロット各部の寸法

λ_e はコイルエンドの比漏れパーミアンスであり，式 (7.27) で求めます．λ_B は相帯漏れの比漏れパーミアンスと呼ばれ，三相機の場合 $\lambda_B = 0$ とすることになっています．

このほか，アルガー (Alger) の式を示している文献もあります．アルガーの式については，現在入手可能な文献 [4] を参照していただきたいと思います．

8 巻線設計

モータの性能は巻線設計によりほぼ決まると言っても過言ではない．巻線設計の力がモータの設計力といってもよい．モータの巻線設計とは，ここまで用いてきた導体数をコイルとして実現することである．導体数で考えてきた起磁力や電気装荷などの設計の諸数値が具体的なコイル（巻線仕様）となることでモノとしてのモータを成立させる．

8.1 コイル

コイルとは導線を巻いたものである．図 8.1 には 5 回巻いたコイルを示している．このコイルが 1 相，1 極のコイルとすると，1 相の直列巻数は $N_{ph} = 5$ であるが，1 相の直列導体数は $Z_{ph} = 10$ である．

これまで考えてきた導体は図に示すコイルサイドのみである．コイルは二つのコイルサイドから成り立っている．コイルサイドは鉄心のスロット内に収められている．コイルとするためには導体をコイルエンドにより接続しなくてはならない．コイルエンドは直列導体のスロットの間を接続する部分である．

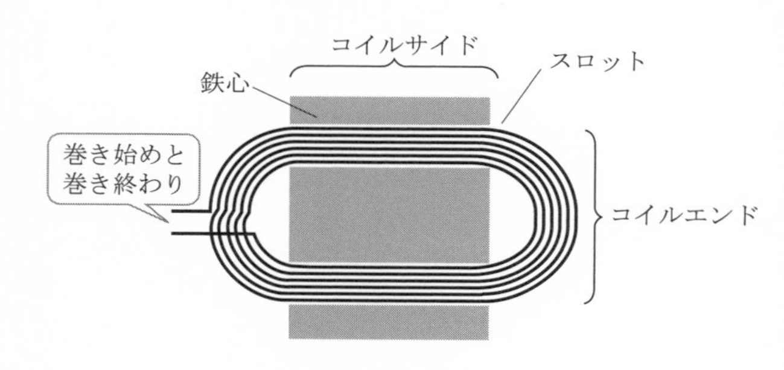

図 8.1　コイル

導体は 1 本の導線で構成されることもあるが，複数本の導線を並列に接続し，一つの導体とすることが多い．このとき，○本持ち（strand）と呼ばれる．これは，導体の断面積が大きいと巻線作業がやりにくく，コイルエンドが大きくなってしまうこと，さらに，導体が太いと表皮効果により，交流抵抗が大きくなってしまうことによる．並列導体数は経験的に決められている．

図 8.1 に示すようにコイルには巻き始めと巻き終わりがある．巻き始めと巻き終わりは外部の電源線に接続されるか，他のコイルに接続される．この接続法は巻線法により決定される．

コイルの基本用語を図 8.2 に示す．ここでは 4 極，24 スロットの例を示している．すなわち，毎相毎極スロット数 $N_{pp} = 6$ である．

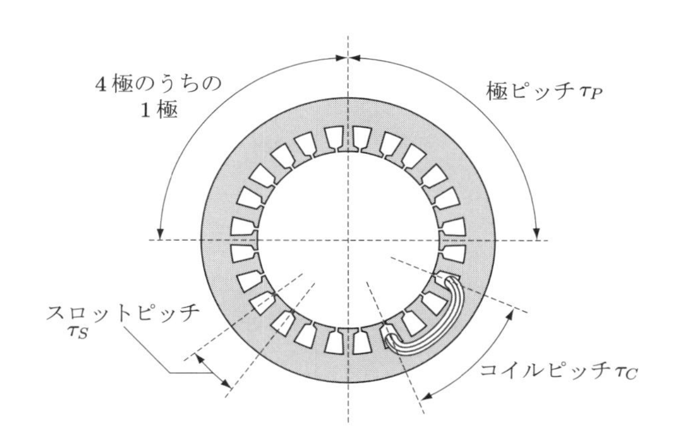

図 8.2　コイルに関する用語

それぞれのピッチの数値は電気角または機械角†(rad)，弧の長さ (m)，またはスロット数により表示される．スロットの間隔をスロットピッチ τ_S という．図の場合，24 スロットなので，スロットピッチは機械角で $2\pi/24$ [rad] である．極の間隔を極ピッチ τ_P という．図では極ピッチは 6 スロット，または機械角で $\pi/2$ [rad] である．コイルサイドの間隔をコイルピッチ τ_C という．図ではコイルピッチは 3 スロットである．

コイルピッチ τ_C が極ピッチ τ_P と等しい場合を全節巻という．図 8.3(a) に

† 電気角では機械角にかかわらず，1 極は 180°（π）である．

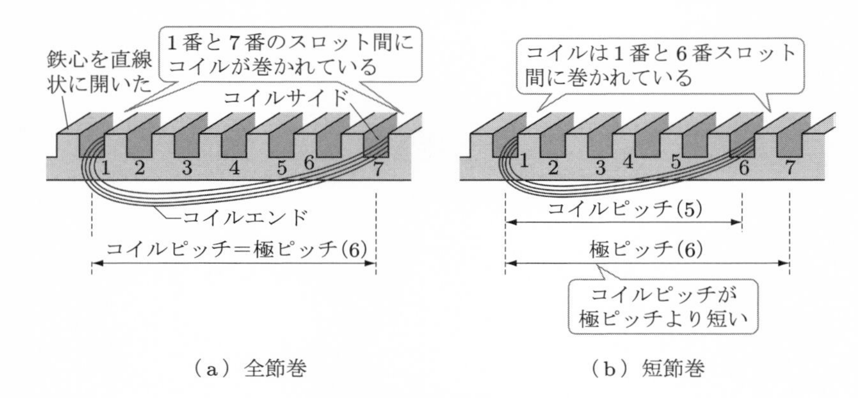

図 8.3　全節巻と短節巻

示すのは全節巻であり，極ピッチ，コイルピッチはともに6スロットである．一方，コイルピッチが極ピッチより短い場合を短節巻という．図 (b) には極ピッチが6スロットでコイルピッチが5スロットの例を示す．このとき，コイルピッチは極ピッチより短く，1スロット短節，または5/6短節しているという．短節巻と全節巻の詳細については後述する．

8.2　巻線係数

コイルを流れる電流により生じる起磁力は空間的に分布することは3.3節で述べた．起磁力の分布はエアギャップの磁束密度を表し，図3.8に示したように，その分布に含まれる正弦波成分で考えることができる．起磁力の空間的な分布は導体の配置により考える．

巻線係数とは，起磁力の振幅に対しての正弦波の振幅を比率で表す係数である．設計で用いる諸式は正弦波の最大値（波高値）を使うため，巻線係数により起磁力（アンペア回数）を波高値で示すことができる．

巻線係数は，図8.4のように導体が複数のスロットに分布しているとき，導体の配置とスロット間隔により決まる．ただし，集中巻の永久磁石モータでは回転子側の磁石の極数によっても磁束分布が変化するので，固定子のスロット数と回転子の極数の組み合わせも巻線係数に影響する．これについては8.5節にて述べる．

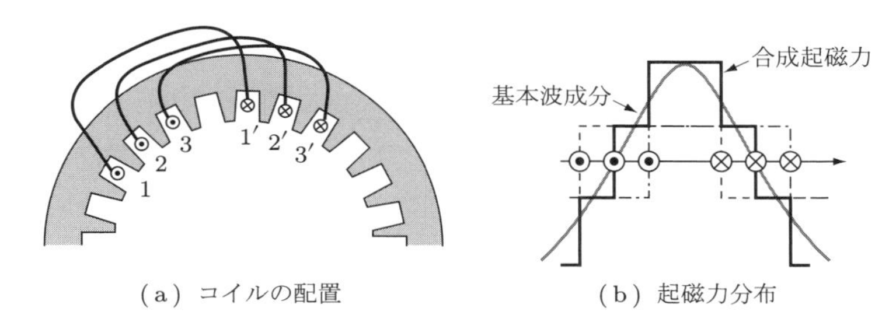

(a) コイルの配置　　(b) 起磁力分布

図 8.4 スロットによる起磁力分布

巻線係数 k_w は一般に分布係数 k_d と短節係数 k_p の積で表され，それぞれを別個に考えることが多い．

$$k_w = k_d k_p \tag{8.1}$$

分布係数とは，1 極 1 相分の導体を複数のスロットに分布させたときの起磁力の低下を示す係数である．図 8.5(a) のように 1 極 1 相分の導体が 3 組の同一の導体数で 3 スロットに配置されているとする．スロットピッチを $\tau_S = \alpha\,[\mathrm{rad}]$ として，極ピッチとコイルピッチは等しく，$\pi\,[\mathrm{rad}]$ であるとする．このとき，毎極毎相の導体数は $q = 3$ である．各コイルが直列接続され，各コイルの起磁力 F_1，F_2，F_3 は等しく，いずれも正弦波と考えると，図 (b) に示すように空間的に分布している．すなわち，固定子内径の円周上で空間的に α の位相差があると考えることができる．この起磁力をベクトルで表すと，図 (c) に示すように α ずつ方向が異なる F_1，F_2，F_3 のベクトルとなる．合成起磁力はその合成ベクトル F' となる．一つのスロットに集中して三つの導体を配置したときの合成起磁力 F は各コイルの起磁力の 3 倍であるが，導体がスロットに分布しているときの合成起磁力 F' の振幅は F より低下する．このときの F'/F を分布係数 k_d と呼び，次のように表される．

$$k_d = \frac{\sin(N_{pp} \cdot \tau_S/2)}{N_{pp} \cdot \sin(\tau_S/2)} = \frac{\sin(N_{pp} \cdot \alpha/2)}{N_{pp} \cdot \sin(\alpha/2)} \tag{8.2}$$

ここで，α は電気角で表したスロットピッチ [rad]，N_{pp} は毎極毎相スロット数である．3 相の場合の分布係数を表 8.1 に示す．表にはすべてのコイルが同じスロットにある集中巻（$q = 1$）の分布係数も示している．

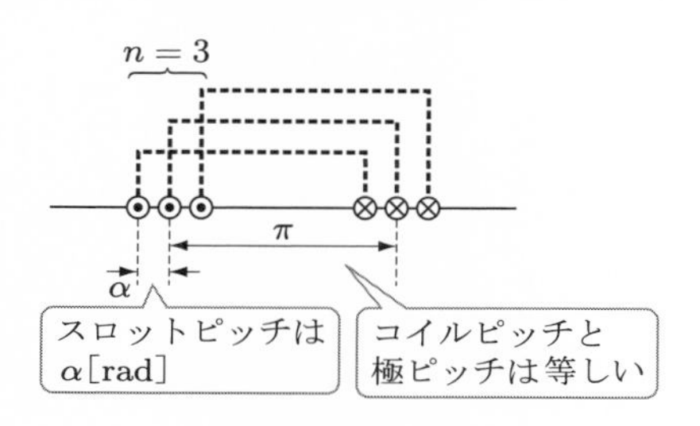

（a）導体の配置

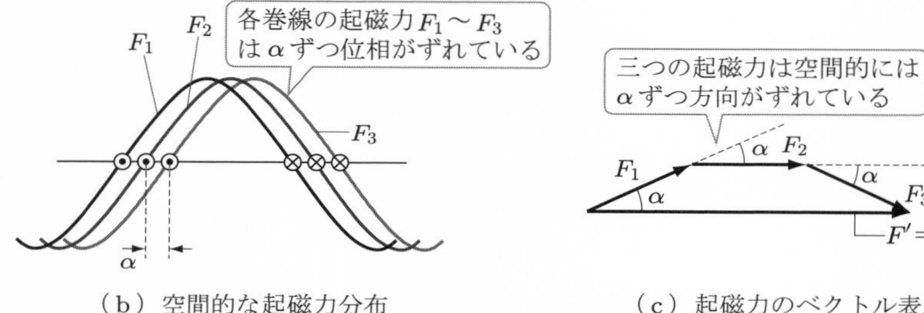

（b）空間的な起磁力分布　　（c）起磁力のベクトル表示

図 8.5　分布係数

表 8.1　三相機の分布係数 k_d

	集中巻	分布巻				
毎極毎相スロット数 N_{pp}	1	2	3	4	5	6
分布係数 k_d	1.00	0.966	0.960	0.958	0.957	0.956

短節巻とはコイルピッチが極ピッチより短い巻線法であり，短節により起磁力が低下する．図 8.6(a) に短節の場合の起磁力の空間分布を示す．図において極ピッチは π であるが，a–a′，b–b′ のコイルは 1 スロット短節されており，コイルピッチは $\tau_C = \beta\pi$ [rad] ($\beta < 1$) である．このように同一のコイルを短節したときの起磁力の低下を表すのが短節係数 k_p である．このとき a–a′，b–b′ のコイルによる起磁力をベクトルで表すと，図 (b) の F_{a}, F_{b} のように分布する．合成起磁力は合成ベクトル F'' となる．このときの F''/F を短節係数 k_p と呼ぶ．短節係数は次のように表される．

$$k_p = \sin\frac{\beta\pi}{2} \tag{8.3}$$

表 8.2 に短節係数を示す．短節の場合，巻線係数は式 (8.1) に示したように分布係数と短節係数の積となる．

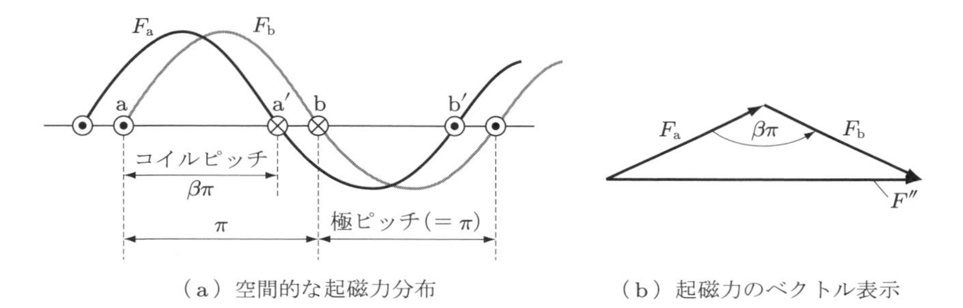

（a）空間的な起磁力分布　（b）起磁力のベクトル表示

図 8.6　短節係数

表 8.2　短節係数 k_p

コイルピッチ/極ピッチ	全節	17/18	14/15	11/12	8/9	5/6	7/9	6/9
短節スロット数	0	1	1	1	1	1	2	3
β	1	0.944	0.933	0.917	0.889	0.833	0.778	0.667
短節係数 k_p	1	0.996	0.995	0.991	0.985	0.966	0.94	0.866

同心巻の場合，内側コイルと外側コイルの巻数が異なることが多い．そのように，各スロットの導体数が異なる場合，巻線係数 k_w を次のように考える．図 8.7 に示すような 1 極の巻線を考える．各コイルの巻数は N_1, N_2, N_3, N_4 回であるとする．また，極中心からそれぞれのコイルのスロット位置までの電気角を θ_1, θ_2, θ_3, θ_4 とする．このとき，巻線係数は，コイルの分布と内側コイルの短節の影響を合わせて次のように求めることができる．

$$k_w = \frac{N_1\sin\theta_1 + N_2\sin\theta_2 + N_3\sin\theta_3 + N_4\sin\theta_4}{N_1 + N_2 + N_3 + N_4} \tag{8.4}$$

巻線係数は空間的な起磁力分布をフーリエ解析したときの基本波成分のフーリエ係数と考えることができる．したがって，巻線係数を使うことにより起磁力の空間高調波を表すことができる．ν 次の高調波に対する巻線係数はそれぞ

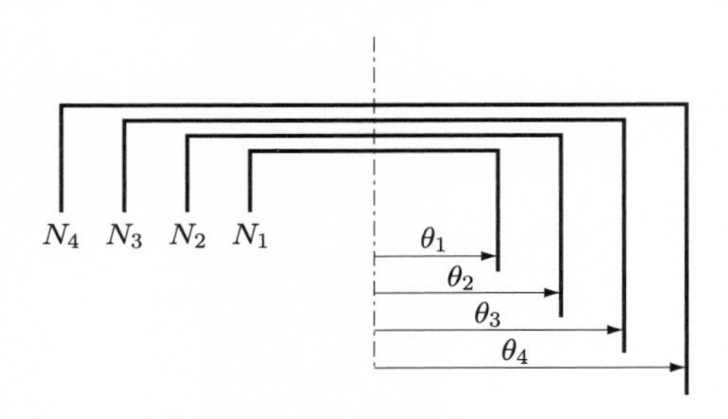

図 8.7　同心巻の短節係数

れ次のようになる．

$$k_{d\nu} = \frac{\sin(N_{pp} \cdot \nu\tau_S/2)}{N_{pp} \cdot \sin(\nu\tau_S/2)} \tag{8.5}$$

$$k_{p\nu} = \sin\frac{\nu\beta\pi}{2} \tag{8.6}$$

すなわち，各次の高調波の巻線係数は，高調波の次数に従って低下する．さらに，式 (8.6) を使うと，ν 次高調波に対して

$$\beta = \frac{\nu - 1}{\nu} \tag{8.7}$$

となるような β を選定すれば ν 次高調波をゼロとできる．短節することにより空間高調波を低下することができるのである．

また，高調波の低下は斜めスロット（スキュー）による低下も可能である．斜めスロットの ν 次高調波の巻線係数は次のようになる．

$$k_{s\nu} = \frac{\sin(\nu \cdot \theta_S/2)}{\nu \cdot \theta_S/2} \tag{8.8}$$

ここで，θ_S は斜めスロット角である．ここから，ν 次高調波がゼロとなる斜めスロット角は次のようになることがわかる．

$$\theta_S = \frac{2\pi}{\nu} \tag{8.9}$$

8.3 集中巻

集中巻の古典的な定義は，毎極毎相スロット数が $N_{pp} = 1$ の巻線である．これに対し，$N_{pp} > 1$ の巻線を分布巻と定義している．集中巻の定義を図 8.8 に示す．この図は交流モータの回転磁界の説明でよく使われる三相コイルである．

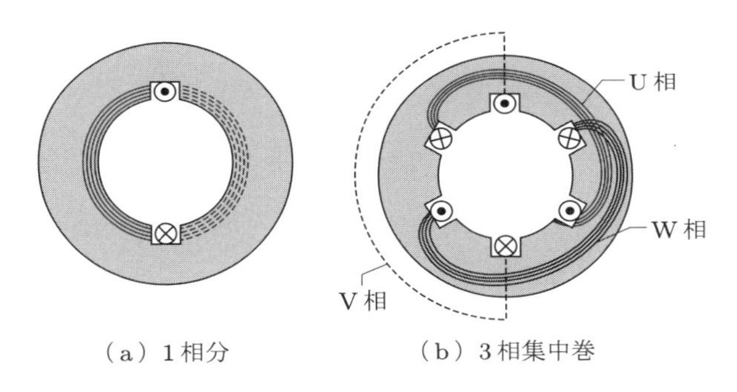

（a）1 相分　（b）3 相集中巻

図 8.8　集中巻

近年使われる集中巻という言葉は，上記のような古典的定義の集中巻という意味ではない．一つの固定子ティースにコイルを直接巻いたものを集中巻と呼んでいることが多い．コイルピッチが 1 スロットの巻線であり，突極集中巻または直巻（じかまき）と呼んだほうがふさわしいように思う．これに対して，コイルピッチが 2 スロット以上の場合を分布巻と呼ぶことが多いようである．つまり，分布巻は複数のティースにまたがってコイルを巻いていることを指す．このようにした場合，毎極毎相スロット数 $N_{pp} \leq 0.5$ で集中巻，$N_{pp} > 0.5$ が分布巻という分類となる．

突極集中巻には次のような利点がある．

- 占積率を高くすることができる
- 漏れインダクタンスが大きいので弱め磁束制御に適する
- コイルエンド高さが小さくできる
- コイル長が短いので銅損が低下する
- 巻線作業がしやすい

しかし，空間高調波が大きいため，巻線係数が小さくなる．また，空間高調波による損失，振動などが生じやすい．そのため，スロット数と回転子極数の組み合わせが限定される．

図 8.9(a) に示すのは図 8.8(b) に示したものと同じ古典的な集中巻であり，6 スロット（$N_S = 1$）で毎極毎相スロット数 $N_{pp} = 1$ である．図 8.9(b) はその結線図である．結線図とはスロットの導体間の接続を表している．結線図の数字はスロット番号を表している．たとえば U 相のコイルはスロット①と④の間に巻かれていることを示している．他の相と合わせて 3 組のコイルにより三相コイルが構成されている．この巻線は 2 極である．

一方，図 8.10 は 6 スロットの突極集中巻のコイル配置，図 8.11 はその結線図である．突極集中巻では，6 個のコイルの結線により極数を変えることができる．図 8.11(a) のように接続をすれば 2 極になる．このとき，毎極毎相ス

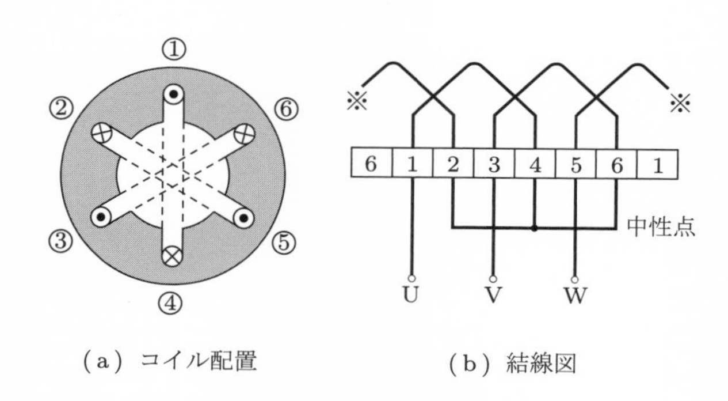

(a) コイル配置　　(b) 結線図

図 8.9　集中巻 ($N_{pp} = 1$) の巻線

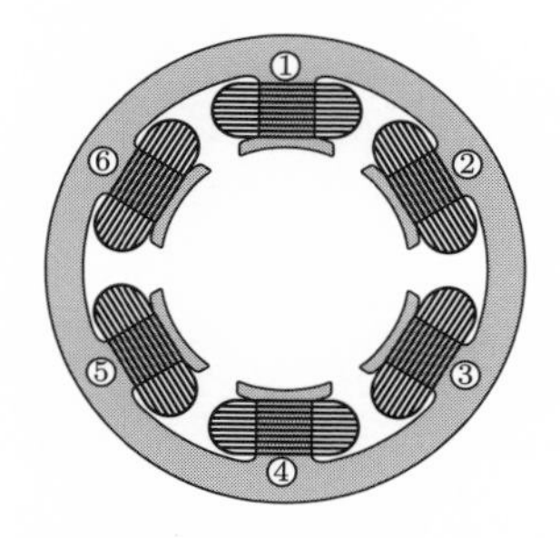

図 8.10　集中巻 ($N_{pp} = 0.5$) のコイル配置

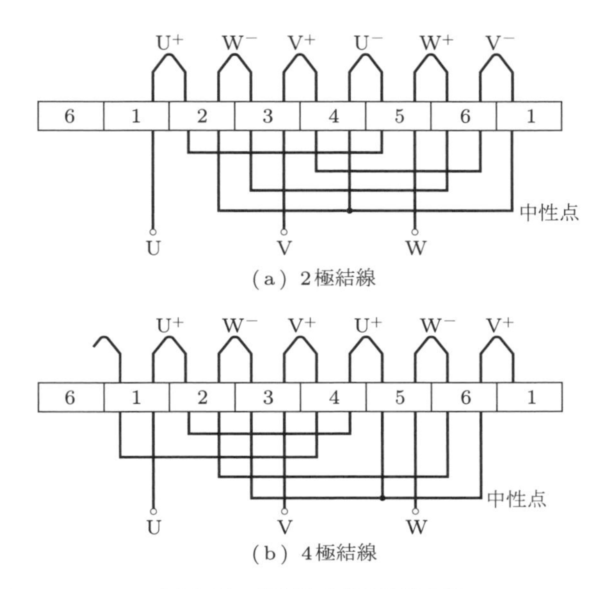

(a) 2極結線

(b) 4極結線

図 8.11　突極集中巻の結線の例

ロット数は $1/2 + 1/2$ で $N_{pp} = 1$ であり，図 8.9 と同じ起磁力分布となる．また，図 8.11(b) のように接続すれば 4 極になる．このとき，毎極毎相スロット数は $N_{pp} = 0.5$ である．

突極集中巻について，相帯角を用いて説明する．相帯角とは 1 極のうち，1 相の巻線が占める割合を電気角で表したものである．相帯角の概念を図 8.12 に示す．図は 1 極の電気角を表したものである．古典的な設計では三相モータ

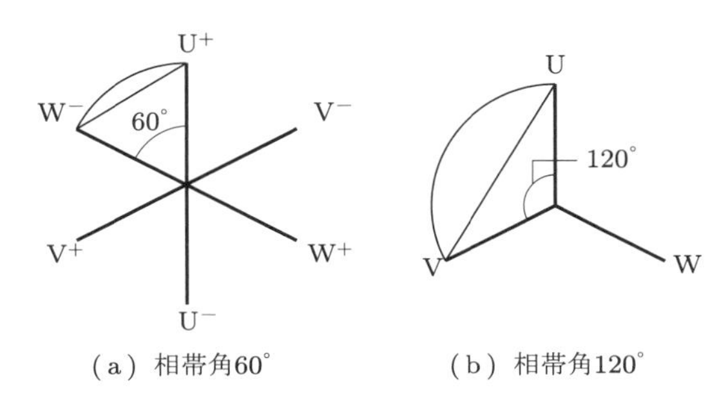

(a) 相帯角60°

(b) 相帯角120°

図 8.12　巻線の相帯角

の相帯角は図 (a) に示す 60° としている．しかし，三相モータの場合，図 (b) に示す 120° とすることも可能である．

相帯角の影響を巻線係数として考える．図 8.12 において，スロット数を無限大と仮定すれば，導体の起磁力の総計は弧の長さになる．これに対し，相帯角を 60° とすると，起磁力は 60° 区間の弦の長さと考えることができる．弦と弧の長さの比を巻線係数として表すと次のようになる．

$$\text{相帯角 } 60^\circ \text{ のとき} \quad k_{w60} = \frac{3}{\pi} = 0.955 \tag{8.10}$$

$$\text{相帯角 } 120^\circ \text{ のとき} \quad k_{w120} = \frac{3\sqrt{3}}{2\pi} = 0.827 \tag{8.11}$$

すなわち，相帯角 120° では巻線係数が小さく，基本波起磁力の振幅が小さくなる．そのため，古典的な三相モータの設計では相帯角 60° を基本としており，さらに小さくすることもあった．図 8.9，図 8.11(a) に示した 2 極巻線はいずれも相帯角が 60° である．実は，相帯角が 60° ということは六相巻線となっており，それを接続により三相巻線にしていることになる．

一方，突極集中巻で 4 極を構成した図 8.11(b) は相帯角が 120° である．また，図 8.13 に示すブラシレスモータでみられるような 3 スロットの突極集中巻は $N_{pp} = 0.5$ であり，相帯角は 120° である．これまで，起磁力の正弦波分布を前提としないブラシレスモータや SR モータなどでは相帯角を 120° とすることがあった．ところが，最近の永久磁石同期モータでは突極集中巻で，相帯角を 120° としているものも多い．このとき，正弦波分布を前提としている

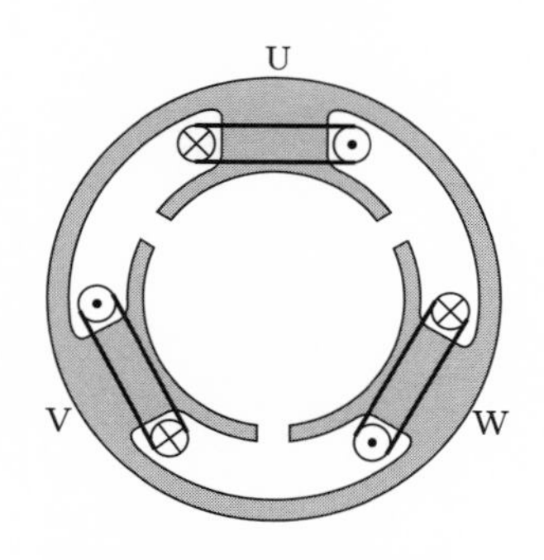

図 8.13　3 スロットの集中巻

巻線係数は低下することに注意を要する．

分数スロットとは，次節で述べる分布巻も含めて，毎極毎相スロット数 N_{pp} が整数でない場合をいう．分数スロットは起磁力分布を改善するので，巻線係数が高くなる．そのため，大型の発電機や，最近の小型モータでは広く使われている．しかし，起磁力の高調波に偶数調波や分数調波成分が含まれてしまい，損失が増大したり振動・騒音が増加したりすることがある．しかし，分数スロットにすれば 15 スロットなどの奇数のスロット数を使うことも可能である．

8.4 分布巻

毎相毎極の導体が複数のスロットに分散している場合を分布巻と呼ぶ．すなわち，毎相毎極スロット数 $N_{pp} \geq 2$ が古典的な分布巻の定義である．分布巻のうち，一つのスロットに一つの導体が収められているのを単層巻と呼ぶ．これに対し，一つのスロットに上下に二つの導体が収められているものを二層巻と呼ぶ．

二層巻の導体配置を図 8.14 に示す．スロット内に二層の導体があり，片方のスロットでは上層，片方では下層となるように巻いてある．このようにすると各コイルの寸法形状，巻数を同一にすることができる．また，短節巻も可能なことなどから交流モータではよく使われている．一方，図 8.10 などで示したような $N_{pp} = 0.5$ の集中巻ではスロット内に二つの導体が収められているが，この場合は二層巻とは呼ばない．

分布巻の分類を図 8.15 に示す．二層巻の接続法として重ね巻と波巻がある．また単層巻では同心巻が使われる．

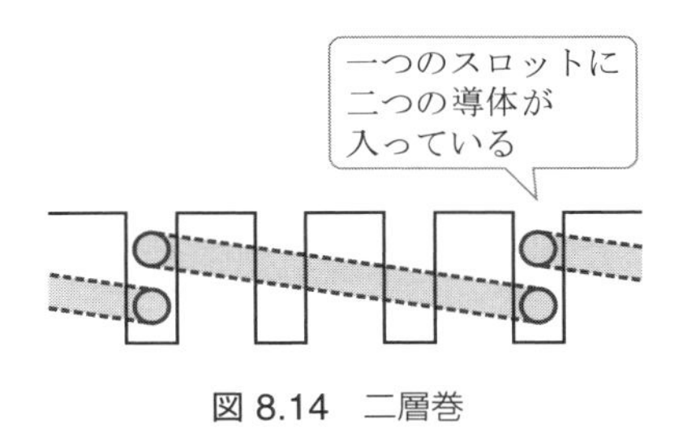

図 8.14　二層巻

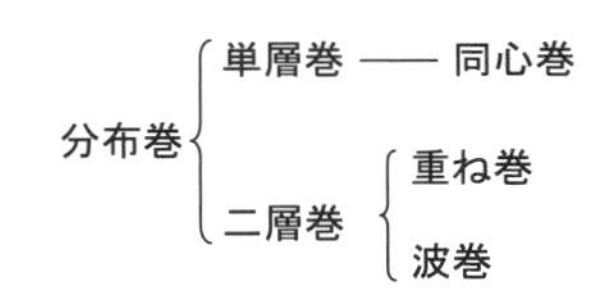

図 8.15　分布巻の分類

分布巻の接続法を図 8.16 に示す．ここでは毎極毎相のスロット数 $N_{pp} = 3$ である．なお，図では 2 極分しか描いていない．図 (a) に示す重ね巻は図に示すように一つのコイルがある極に集中して巻かれている．分布巻では最も一般的な接続法である．図 (b) に示す波巻は 1 極分のコイルが 180° 離れて巻かれている．したがって，コイルエンドの寸法が長いが，極間接続が不要である．図 (c) に示す同心巻は各コイルの形状および長さが異なる．したがって，コイルエンドの形状が複雑になる．また，短節巻ができない．しかし，インサータを使うような小容量の交流モータでは広く使われている．

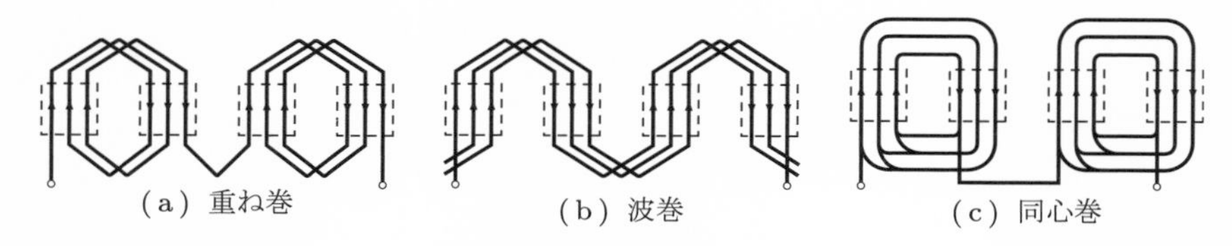

図 8.16　分布巻の接続法

分布巻で分数スロットにした場合，導体数が同一でなくなる．全スロット数 $N_S = 30$ として，三相 4 極の巻線を行うと $N_{pp} = 2.5$ となる．このとき，スロット内導体数は，たとえば第 1 極と第 3 極が $Z_{slot} = 3$，第 2 極と第 4 極が $Z_{slot} = 2$ としなくてはならない．このとき，極間は不平衡となるが，三相は平衡する．

三相の結線は一般には Y 結線されることが多い．これは中性点を一か所接続すればよいという作業性の良さが大きな理由である．Δ 結線の場合，3 次の高調波が循環電流として流れてしまう可能性がある．しかし，低電圧で大トルクを出すような場合には，各導体の電流が線電流の $1/\sqrt{3}$ となるので Δ 結線とすると線径を細くできる効果がある．

8.5　突極集中巻永久磁石モータの巻線係数

近年の永久磁石モータでは，突極集中巻で分数スロットが採用されることが多い．これは整数スロットで集中巻にすると，相帯角が 120° となって巻線係数が低下するためである．そのため，分数スロットを採用し，またコギングトルクの低下のため，永久磁石回転子の極数を多くする設計が行われている．このとき，固定子スロット数と回転子極数により巻線係数が大きく変化する．分数スロットの場合の，固定子スロット数と回転子極数の組み合わせによる巻線係数を表 8.3 に示す．

表 8.3　固定子スロット数と回転子極数による巻線係数

赤津 観・涌井伸二：「巻線係数とインダクタンス係数を用いた多極多スロット集中巻 SPMSM の簡易設計手法」, 電学論 D, Vol.127, No.11, pp.1171–1179 (2007).

スロット数＼極数	2	4	6	8	10	12	14	16	18	20	22	24
3	0.866	0.866										
6		0.866	—	0.866								
9			0.866	0.945	0.945	0.866						
12				0.866	0.933	—	0.933	0.866				
15					0.866	—	0.951	0.951	—	0.866		
18						0.866	0.902	0.945	—	0.945	0.902	0.866

表に示すような分数スロットの巻線係数の導出は，現在のところ，起磁力ベクトルの分布などから解析された結果として報告されている段階である．一般化された数式として表すことはまだ行われていない．分布係数は固定子スロット数と回転子極数の最大公約数に関係し，短節係数は固定子スロット数と回転子極数の比に関係する．表にはその積である巻線係数を示している．導出に興味のある読者は脚注に示す参考文献†を参照されたい．

†・F. Magnussen and C. Sadarangani: "Winding Factors and Joule Losses of Permanent Magnet Machines with Concentrated Windings", Conference Record of The IEEE International Electric Machines and Drives Conference (IEMDC) 2003, pp.333–339 (2003).
・赤津 観・涌井伸二：「巻線係数とインダクタンス係数を用いた多極多スロット集中巻 SPMSM の簡易設計手法」, 電学論 D, Vol.127, No.11, pp.1171–1179 (2007).

数値例　(D モデル)

＊仕様および図面により与えられた諸数値

固定子全スロット数	$N_S = 24$
1 相の直列導体数	$Z_{ph} = 280$
スロットピッチ	$\tau_S = 2\pi/12\,\mathrm{rad}$（電気角）
コイルピッチ	$\tau_C = 5\pi/6\,\mathrm{rad}$（電気角），5 スロット
極ピッチ	$\tau_P = 6$ スロット
極数	$P = 4$
短節量	$\beta = 5/6$
巻線方式	重ね巻
結線方式	Y 結線

＊諸量の例

①毎極毎相のスロット数：式 (7.3)

$$N_{pp} = \frac{24}{3 \times 4} = 2$$

②分布係数：式 (8.2)

$$k_d = \frac{\sin(N_{pp} \cdot \tau_S/2)}{N_{pp} \cdot \sin(\tau_S/2)} = \frac{\sin\{2 \times 2\pi/(2 \times 12)\}}{2 \cdot \sin\{2\pi/(2 \times 12)\}} = 0.966$$

③短節係数：式 (8.3)

$$k_p = \sin\frac{\beta\pi}{2} = \sin\frac{5\pi/6}{2} = 0.966$$

数値例　(D2 モデル)

＊仕様および図面により与えられた諸数値

固定子全スロット数	$N_S = 24$
極数	$P = 4$
スロットピッチ	$\tau_S = 2\pi/24\,\mathrm{rad}$（電気角）
コイル巻数	内側：$N_1 = 26$，外側：$N_2 = 25$
コイル巻位置	内側：$\theta_1 = 4.5\pi/12$，外側：$\theta_2 = 5.5\pi/12$
巻線方式	同心巻
結線方式	Y 結線

＊諸量の例

①毎極毎相のスロット数：式 (7.3)

$$N_{pp} = \frac{24}{3 \times 2} = 4$$

②分布係数：式 (8.2). コイルの巻数を考慮しない場合

$$k_d = \frac{\sin(N_{pp} \cdot \tau_S/2)}{N_{pp} \cdot \sin(\tau_S/2)} = \frac{\sin\{4 \times 2\pi/(2 \times 24)\}}{4 \cdot \sin\{2\pi/(2 \times 24)\}} = 0.958$$

③巻線係数：式 (8.4). コイルの巻数を含んで考えた場合

$$k_w = \frac{N_1 \sin\theta_1 + N_2 \sin\theta_2}{N_1 + N_2} = \frac{26\sin(4.5\pi/12) + 25\sin(5.5\pi/12)}{26 + 25}$$

$$= 0.957$$

COLUMN

集中巻か分布巻か

読者のみなさんは，集中巻と分布巻とどちらがよいのか，はっきりしてほしいと思っていられるかもしれません．実はここがモータ設計の難しいところなのです．

本文で述べたように集中巻にするメリットは，銅損が少ない，巻線しやすいなど色々あります．つまり，作りやすいうえに性能を上げることができるのです．

一方，分布巻にすると，明らかに起磁力の高調波成分が低下します．トルクリップルや鉄損などを優先して考えた場合，やはり分布巻のほうが有利なのです．

コストを取るか，性能を取るか，はたまた，作りやすさを取るか，設計段階でのチョイスは重大です．また，製造を考えると金型や治工具などの流用や新規作成なども考えなくてはなりません．だからモータの設計は難しいのです．最適な設計というのがそれぞれ異なり，正解がどこにあるのかわからないのです．

モータの設計では，コストや大きさは無視して作れ，とか，時間はいくらかかってもいいから最高性能にしろ，というような話は，なかなか出てこないのです．

9 永久磁石回転子の設計

本章では同期モータ，ブラシレス直流モータなどに使われる永久磁石回転子の設計について説明する．まず，永久磁石の基本について述べ，次にモータの設計からみた磁石の取り扱いを説明する．さらに，永久磁石回転子の設計について述べる．

9.1 永久磁石の性能と動作

永久磁石の性能は一般には BH 曲線により表される．図 9.1 に BH 曲線を示す．BH 曲線（磁気ヒステリシス曲線）は外部磁界 H と磁束密度 B の関係を表しており，残留磁束密度 B_r，保磁力 H_{CB}，最大エネルギ積 $(BH)_{\max}$ などの指標を表すことができる．残留磁束密度 B_r [T] は磁石から取り出せる最大の磁束密度である．保磁力 H_{CB} [A/m] は磁束密度がゼロになる外部磁界の強さを表している．また，最大エネルギ積 $(BH)_{\max}$ [J/m^3] は単位体積あたりに取り出せる磁気エネルギの指標とされる．

一方，永久磁石の説明によく用いられるのは JH 曲線である．こちらも図 9.1 にあわせて示す．J は磁気分極であり，磁極の強さを表す（単位 T）．残留磁化 J_r [T] は残留磁束密度 B_r [T] と等しい．また，JH 曲線による保磁力 H_{CJ} [A/m] も用いられる†．この H_{CJ} は磁石の本質的な保磁力を表し，磁気分極 J がゼロとなる外部磁界の強さを表している．すなわち，永久磁石を外部から考える場合に BH 曲線を用い，内部まで考えるときに JH 曲線を用いる．

磁気分極 J は永久磁石材料そのものの性能を表している．すなわち，JH 曲線は永久磁石の磁極の強さの外部磁界による変化を表している．これに対し

† H_{CJ} は J 保磁力と呼ばれることがあり，これに対して H_{CB} は B 保磁力と呼ばれる．

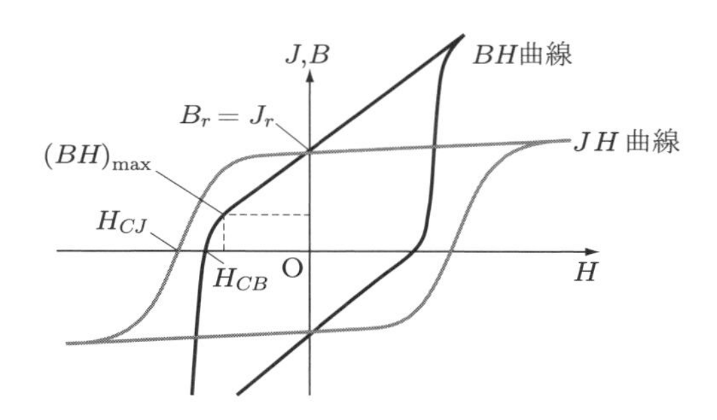

図 9.1　BH 曲線と JH 曲線

て，BH 曲線は永久磁石内部の磁束密度の外部磁界による変化を表している．この違いは，磁石内部の反磁界によって生じる．磁極の強さと反磁界の関係について説明する．磁化されている永久磁石を図 9.2 のように考える．永久磁石は外部に磁界を作る．このことは，永久磁石内部には反対方向の磁界があると考えることができる．図は磁界の様子を磁力線で表している†．このような磁石内部の磁界を反磁界 H_d と呼ぶ．減磁界と呼ばれることもある．図 9.3 に示すように，永久磁石が外部につくる磁界 H と内部磁界 H_0 の関係は次のようになる．

$$H_0 = H - H_d \tag{9.1}$$

反磁界 H_d は次のように表される．

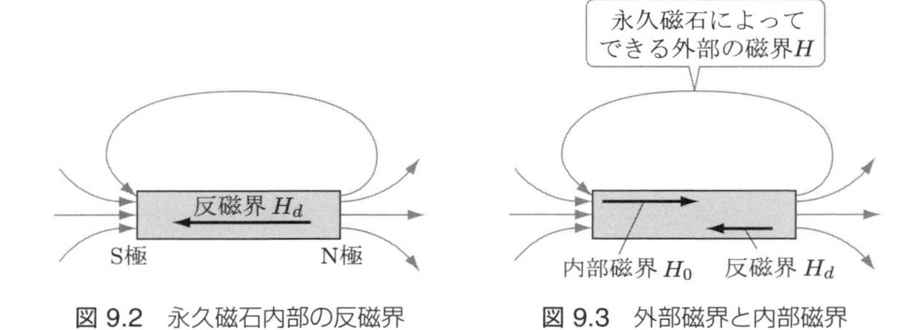

図 9.2　永久磁石内部の反磁界　　図 9.3　外部磁界と内部磁界

† 磁力線は N 極から出て，S 極に向かうと決められている．連続量である磁束とは磁石内部では方向が異なる．

$$H_d = \frac{N_d}{\mu_0} J \tag{9.2}$$

ここで，N_d を反磁界係数と呼ぶ．反磁界は磁極の強さを表しているが，反磁界係数は磁石の形状により変化するので，反磁界の大きさは磁石の形状により異なる．なお，通常は，反磁界係数を $N_d = 1$ として，形状の影響は後述するパーミアンス係数に含まれると考えることが多い．$N_d = 1$ とすると，内部での磁気分極 J と磁束密度 B は次の関係になる．

$$B = J + \mu_0 H_0 \tag{9.3}$$

この式は，磁束密度は永久磁石の内部では磁気分極 J があるので，その影響があるが，永久磁石の外部には磁石の磁気分極がないので $J = 0$ であり，$B = \mu_0 H$ となることを表している．

図 9.1 に示した BH 曲線は永久磁石材料としての全体の性能を表している．その材料の形状によって BH 曲線の第 2 象限の線上で動作することを表している．いま，図 9.4 に示すように第 2 象限の曲線を直線近似する．この直線はリコイル線と呼ばれ，次のように表す†．

$$B = -\mu_s \mu_0 H + B_r \tag{9.4}$$

この式で，$\mu_s \mu_0$ を永久磁石のリコイル透磁率と呼ぶ．BH 曲線の B_r を示す

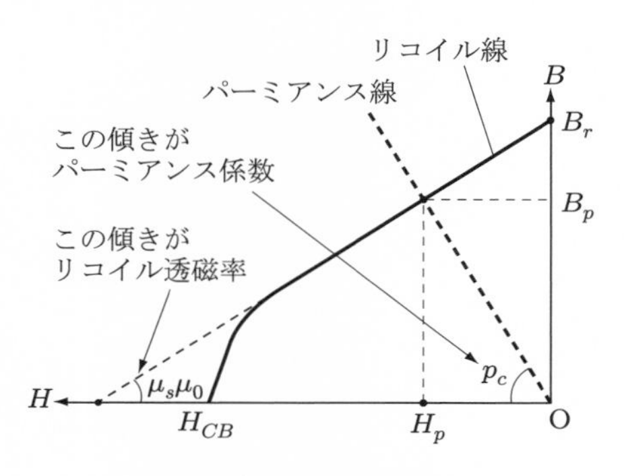

図 9.4　永久磁石の動作点

† Recoil とは，跳ね返る，後ずさる，という意味で，動作点が移動してしまうことを表していると思われる．

$H = 0$ のときの傾きと考えてよい．

永久磁石の動作点はリコイル線上にある．磁石の動作点を（H_p，B_p）として，動作点と原点 O を結ぶ直線をパーミアンス線と呼ぶ．パーミアンス線の傾きをパーミアンス係数 p_c と呼ぶ．パーミアンス係数は磁石の形状により変化する．磁極の断面積が大きく，磁極間の距離が短い，すなわち厚さが薄いほどパーミアンス係数が小さい．すなわち，動作点は左に移動する．このことはその形状の磁石の反磁界が大きいことを表している．

パーミアンス係数は磁石の形状だけでなく，外部の磁気回路や外部磁界により変化する．すなわち，パーミアンス線の傾きが変化し，動作点がリコイル線上を移動する．磁石からみた外部の磁気回路のパーミアンス（外部パーミアンス）を P_m とする．また，永久磁石の起磁力を F_m とし，磁束を Φ とする．磁気回路のオームの法則から，磁束，起磁力，パーミアンスの関係は次のようになる．

$$\Phi = F_m P_m \tag{9.5}$$

磁石の断面積を S_m，磁路方向の厚さを h_m とし，磁石内部の反磁界を H_d，磁束密度を B_d とすれば，起磁力 F_m と磁束 Φ はそれぞれ次のように表せる．

$$F_m = h_m H_p \tag{9.6}$$

$$\Phi = S_m B_p \tag{9.7}$$

このとき，パーミアンス係数は次のように表される†．

$$p_c = \frac{B_p}{H_p} = \frac{\Phi}{F_m} \cdot \frac{h_m}{S_m} = P_m \frac{h_m}{S_m} \tag{9.8}$$

すなわち，永久磁石の動作点は磁石の形状と外部の磁気回路のパーミアンスにより決まる．たとえば，空気中に置かれた単体の永久磁石では，外部の磁気回路が空気なのでパーミアンスが小さい．そのため，パーミアンス係数が小さいので動作点は左に移動し，磁束密度は低い．その磁石をパーミアンスが大きい磁気回路に組み込むと磁束密度が高くなる．

---

† パーミアンス係数の定義は単位系で異なるので注意が必要．

9.2 磁気回路

磁気回路のパーミアンス P_m は磁路長 ℓ，磁路断面積 S，透磁率 μ で与えられる．

$$P_m = \frac{\mu S}{\ell} \tag{7.18 再掲}$$

したがって，モータの鉄心形状が決まれば磁路が決まるのでパーミアンスを求めることができる．

永久磁石モータの最も単純化した磁気回路は図 9.5 のように考えることができる．この図は 1 極分の磁気回路を示しており，直観的に理解しやすいようにパーミアンスの逆数である磁気抵抗により表している．図において，F_m は永久磁石の起磁力，Φ_g はエアギャップの磁束，R_m は永久磁石の磁気抵抗，R_g はエアギャップの磁気抵抗である．各部の磁気抵抗と永久磁石の起磁力から，磁気回路のオームの法則によりエアギャップの磁束を求めることができる．しかし，実際にモータを設計するには鉄心の磁気抵抗を考慮しなくてはならず，また，エアギャップを通らない漏れ磁束なども考慮しなくてはならない．

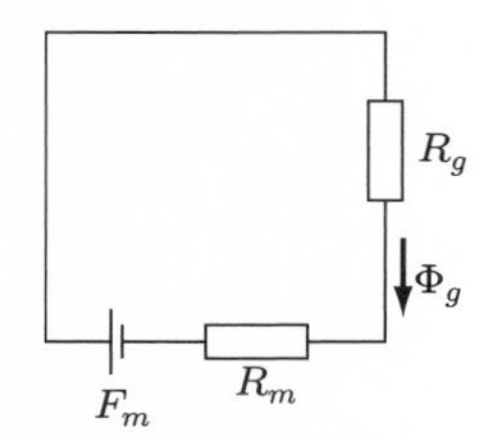

図 9.5　最も単純化したモータの磁気回路

そのため，図 9.6 に示すように，各部の漏れ磁束を表す磁気抵抗 R_ℓ，固定子鉄心の磁気抵抗 R_S，巻線電流による起磁力 NI を含んだ直並列回路を考えることになる．しかし，これだけでは設計できない．極間の漏れ磁束やティースの影響などが考慮されていない．これらをすべて磁気回路に表すことも可能であるが，設計段階では，それらの影響を各種の係数として表す．それらの係数については次節に述べる．なお，ここでは磁石の磁気抵抗を用いているが，これは磁石の動作点（H_p，B_p）を決める式 (9.8) のパーミアンス係数の逆数

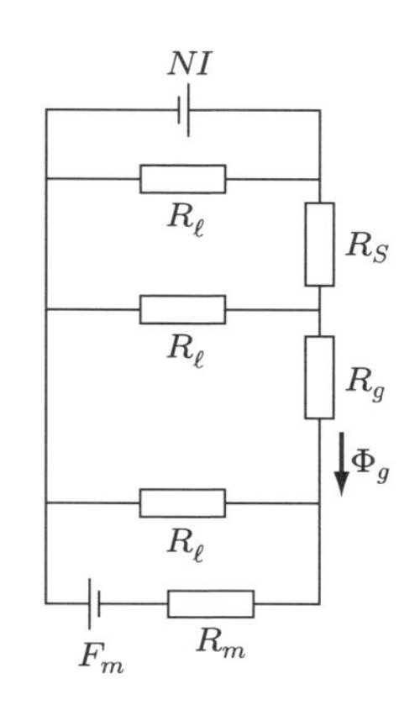

図 9.6　より詳細な磁気回路

に相当する．

磁石を設計するにあたっては，磁石の動作点の不可逆減磁に対する検討も必要となる．不可逆減磁には，熱による減磁と外部磁界による減磁がある．

熱による減磁は温度変化により磁石の特性が変化することにより生じる．ネオジム磁石の場合を例に示す．図 9.7 に，ネオジム磁石の JH 曲線と BH 曲線を示す．それぞれ，高温の場合と低温の場合の曲線を示している．いま，パーミアンス線が P1 の場合，低温での動作点は a であり，高温での動作点は a′ である．このとき，温度が変化しても動作点は a と a′ を行き来するだけである．一方，パーミアンス線が P2 であった場合，低温での動作点は b であり，温度上昇により動作点は b′ となる．点 b′ は高温の B 曲線の屈曲点（クニック点と呼ばれる）を超えている．この点では J 曲線が低下しているので，磁極が弱くなっている．このとき，温度が再び低下しても，磁極が弱くなってしまっているので，動作点はたとえば点 c となり，元の点 b には戻らない．これを不可逆減磁という．なお，フェライト磁石を使う場合，ネオジム磁石とは逆に，低温になると不可逆減磁が生じやすくなる．

外部磁界による減磁は，弱め磁束制御をするような場合，磁石の着磁方向と逆向きの磁界が加わることにより生じる．逆向きの磁界が加わるとパーミアンス線は，図 9.8 に示すように逆向きの磁界の大きさに応じて P3 に平行移動する．そのため，逆磁界がないとき a であった動作点が逆磁界により a′ に移動

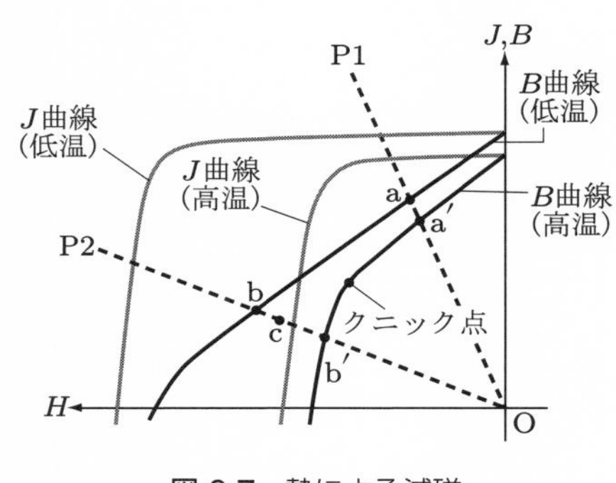

図 9.7　熱による減磁

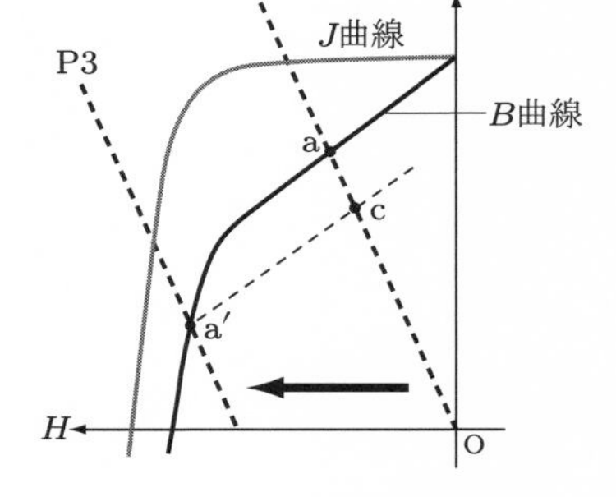

図 9.8　逆磁界による減磁

する．このときに B 曲線のクニック点を超えているので磁極が弱くなっている．逆磁界がなくなるとリコイル線は P1 となり，動作点は点線で示すように移動し，点 c が動作点となる．そのため，不可逆減磁となる．

このような不可逆減磁に対しては設計しているモータを磁気回路として扱い，パーミアンスから磁石の動作点に余裕があるかを確認する必要がある．

9.3　エアギャップの磁束密度からの設計

永久磁石モータでの設計では必要なエアギャップ磁束密度 B_g が得られるかどうかの検討を行う必要がある．ここでは，回転子表面に磁石がある SPM モータを考える．まず，対象とするモータの 1 極の磁気回路は次のように表すことができる．

$$\Phi_t = F_{mt} P_{mt} \tag{9.9}$$

ここで，Φ_t は磁石が発生する総磁束，F_{mt} は磁気回路全体の起磁力，P_{mt} は磁気回路全体の合成パーミアンスである．いま，使用する磁石の形状を簡単化して，径方向の厚さ h_m，磁石幅 b_m，軸方向の長さ ℓ_m の平板と考える．また，磁石の動作点を (H_p, B_p) とする．このとき，全体の起磁力 F_{mt} [A/m] は磁石の厚さ h_m [m] を使うと，次のように表すことができる．

$$F_{mt} = H_p h_m \tag{9.10}$$

磁石の総磁束 Φ_t [Wb] は鉄心の有効積厚 L_i が磁極の有効面積となることから，次のように表される．

$$\Phi_t = B_p b_m L_i \tag{9.11}$$

すなわち，式 (9.9) は次のように表すことができる．

$$B_p b_m L_i = H_p h_m P_{mt} \tag{9.12}$$

エアギャップのパーミアンス P_{mg} を求めるためには，7.8 節で示したカーター係数 k_C を用いて，等価的なギャップ長 $g' = k_C g$ を使用する．また，図 9.9 に示すように，磁石の有効幅 b_i を考える．ここで，B_a は磁束密度の平均値であり，有効幅で磁束密度は一様とする．したがって，$b_i L_i$ が有効なエアギャップ面積を表す．したがって，エアギャップのパーミアンスは次のようになる．

$$P_{mg} = \frac{\mu_0 b_i L_i}{g'} \tag{9.13}$$

磁気回路全体のパーミアンス P_{mt} は，エアギャップのパーミアンス P_{mg} と漏れ磁束のパーミアンス $P_{m\ell}$ の和であると考える．

$$P_{mt} = P_{mg} + P_{m\ell} \tag{9.14}$$

なお，漏れ磁束のパーミアンス $P_{m\ell}$ は各部の漏れパーミアンスの合計である．

このとき，漏れ磁束のパーミアンス $P_{m\ell}$ はエアギャップのパーミアンス P_{mg} よりはるかに小さいので，次のように漏れ係数 σ_m として扱うことにする．

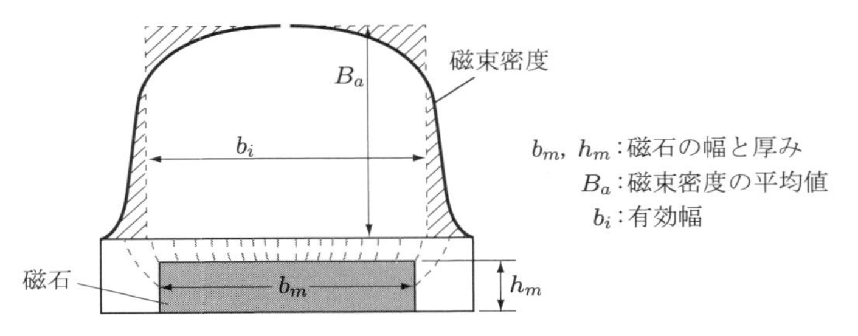

図 9.9　永久磁石の有効幅

$$\frac{P_{mt}}{P_{mg}} = \frac{P_{mg} + P_{m\ell}}{P_{mg}} = \left(1 + \frac{P_{m\ell}}{P_{mg}}\right) = 1 + \sigma_m \tag{9.15}$$

$1 + \sigma_m$ は磁石が発生する磁束 Φ_t とエアギャップ磁束 Φ_g の比率であり，

$$1 + \sigma_m = \frac{\Phi_t}{\Phi_g} = \frac{B_p b_m L_i}{B_g b_i L_i} \tag{9.16}$$

となるので，漏れ係数を用いて次のように表すことができる．

$$B_p = (1 + \sigma_m)\left(\frac{b_i}{b_m}\right) B_g \tag{9.17}$$

一般に，漏れ係数 σ_m は 0.1 以下であり，無視することもある．

また，式 (9.12) より

$$H_p = \frac{b_m L_i}{h_m P_{mt}} B_p \tag{9.18}$$

と書くことができる．また，式 (9.13), (9.15) より，

$$P_{mt} = (1 + \sigma_m)\, P_{mg} = \frac{(1 + \sigma_m)\, \mu_0 b_i L_i}{g'} \tag{9.19}$$

と表せる．したがって，式 (9.17)〜(9.19) より永久磁石の動作点は次のように表すことができる．

$$H_p = \frac{g'}{\mu_0 h_m} B_g \tag{9.20}$$

ここで，式 (9.4) を B_p と H_p により表すと，次のようになる．

$$B_p = -\mu_s \mu_0 H_p + B_r \tag{9.21}$$

この式に式 (9.17), (9.20) を代入すると次のようになる．

$$(1 + \sigma_m)\left(\frac{b_i}{b_m}\right) B_g = -\mu_s \mu_0 \frac{g'}{\mu_0 h_m} B_g + B_r \tag{9.22}$$

式を整理すると次のようになる．

$$B_g = \frac{h_m}{(1 + \sigma_m)\,(b_i/b_m)\, h_m + \mu_s g'} \times B_r \tag{9.23}$$

式 (9.23) を用いれば，エアギャップ磁束密度 B_g から必要な磁石の厚さ b_i を求めることができる．また，このときのパーミアンス係数は次のように表すことができる．

$$p_c = \frac{B_p}{H_p} = \frac{(1+\sigma_m)\,\mu_0 b_i h_m}{b_m k_C g} \tag{9.24}$$

なお，エアギャップ以外の漏れ磁束を表すために起磁力損失係数という考え方が用いられることがある．これはカーター係数と同様に，エアギャップ長の補正を行う係数として用いられ，約 1.1 程度の数値が使われる．

IPM モータについては，磁石の埋め込み形状が様々であり，ここまで述べたような統一的な計算が難しい．それぞれの設計により磁路が異なり，さらに d 軸，q 軸の磁気回路を考える必要がある．したがって，磁界解析により諸量を求めることが多い．

9.4 永久磁石回転子の設計

界磁に永久磁石を用いる同期モータ，ブラシレスモータは回転子に永久磁石を使う．ここでは，SPM モータ，ブラシレスモータの永久磁石回転子の設計について述べる．

永久磁石回転子の設計は次の手順で行う．

(1) D と L の決定：永久磁石の磁極面積から，D, L を決める．
(2) エアギャップ長：小さいほど良いが，実績により決定する．
(3) 永久磁石寸法の決定：必要なエアギャップ磁束密度が得られる表面積と厚みを決定する．ここで，減磁について検討する．
(4) 使用する磁石材料の決定：磁石の種類だけではなく，グレードを決定する．
(5) 回転子鉄心の決定：一般的には軸の外径が回転子鉄心の内径となる．

このほか，IPM モータの場合，磁石の配置と回転子の磁路の設計が必要となる．

回転子の D, L については，ここまでの概略設計，固定子鉄心設計により決定した回転子外径 D から出発する．ただし，極数が多い，スロット数が少ない，扁平などで，回転子外径 D と積厚 L の比が $1:1$ をはるかに外れているような場合，ここで D と L の再検討が必要となる．

次に，エアギャップ長を決定する．エアギャップ長が小さいほど，磁石の磁束が有効に使えるので磁気的には有利である．しかし，機械的な公差，コギングトルク，インダクタンスの増加などを考えると，逆にエアギャップ長が大きいほど有利である．また，IPM モータでは，リラクタンストルク，弱め磁束制御などを考慮するので，それぞれにエアギャップ長の影響が異なる．また，回転子外周にフィラメントワインディングやスリーブを設けて遠心力対策する場合，その厚みを含んだ長さが磁気的なエアギャップ長となる．

遠心力対策にスリーブを用いる場合，スリーブ自体に生じる遠心力のほかにスリーブ内部の磁石がスリーブを押し広げる力を合わせて受ける．その合計の遠心力に耐える厚さが必要である．なお，遠心力 F_C は次のように表される．

$$F_C = d_\rho v^2 \tag{9.25}$$

ここで，d_ρ は密度 (kg/m^3)，v は周速 (m/s) である．

永久磁石寸法として，エアギャップの磁束密度から磁石の表面積 $b_m \ell_m$ を決めることができるが，磁石の厚さ h_m は，不可逆減磁への対応で決定する必要がある．磁石の表面積 $S_m = b_m \ell_m$ に対する厚さ h_m の比率がパーミアンス係数 p_c となるので，磁石の厚さは減磁に対する考察から決定する．このとき，温度上昇，弱め磁束制御だけでなく，インバータなどの短絡時の過電流による磁界でも不可逆減磁しないようにする必要がある．

永久磁石には数多くのグレードがあり，グレードを選ぶ必要がある．磁石の性能は $(BH)_{\max}$ で表されるが，設計で考慮すべきことは BH 曲線である．リコイル線の傾き，クニック点の位置，さらに，温度特性などがグレードにより異なる．また，ネオジム磁石は抵抗率が低いので，うず電流対策のための磁石の軸方向の分割も必要となることがある．さらに，永久磁石は接着により装着するので，磁石表面のコーティングの接着性にも注意を要する．

磁石の異方性によりエアギャップの磁束分布が異なる．図 9.10(a) に示すよ

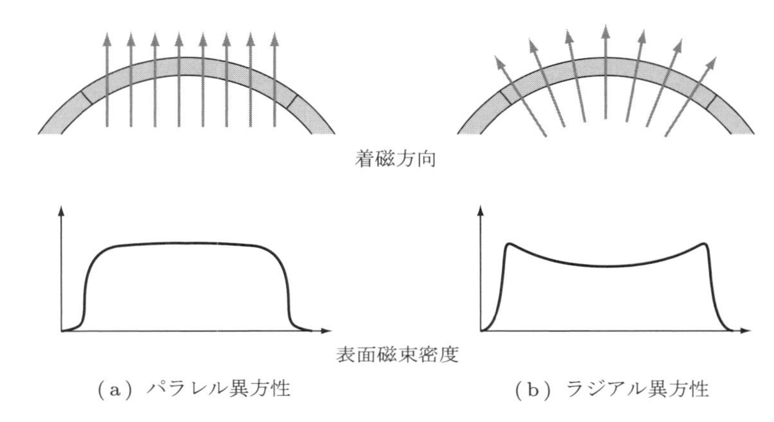

図 9.10 磁石の異方性

うにパラレル異方性の場合，磁束分布が正弦波に近くなり，コギングトルクが小さくなる．一方，図 (b) のラジアル異方性の場合，総磁束数が多くなり，トルクを大きくできる．特に，リング磁石を用いるような場合，ラジアル異方性のほうが取り扱いが容易である．小型モータでは着磁の異方性を考慮することが必要である．

回転子鉄心には磁石が装着され，回転の鉄心の内側が軸である．回転子鉄心は磁石の磁束の磁路として働く．一般には軸の外径が回転子鉄心の内径と等しい．つまり，これが回転子のヨーク幅となる．図 9.11 に示すように極数が少ない場合，磁路は回転子内部の軸近くまで深くなる．一方，極数が多い場合，

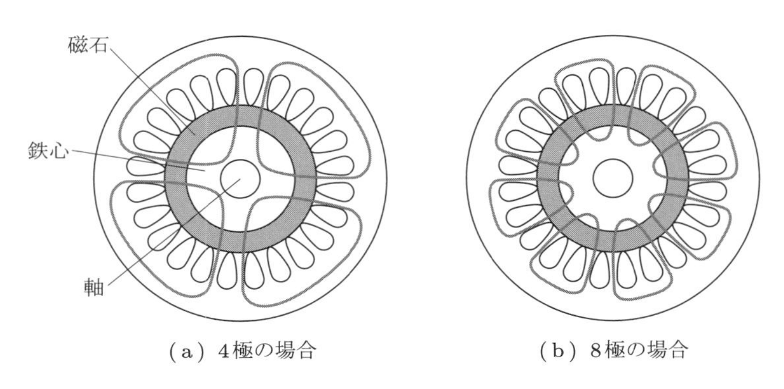

図 9.11 回転子鉄心の磁路

磁路は浅く，磁束は隣極に向かう．したがって，極数が少ない場合にはヨーク幅を検討する必要がある．ただし，回転子の鉄心は磁石の直流磁束の磁路となるので鉄損は生じないと考えてよい．そのため，電磁鋼板以外の材料が使用できる．その場合，透磁率のみ考慮すればよい．

IPM モータの場合，磁石の形状，配置の検討を行うが，磁路を形成するための溝（スリット）なども必要となることがある．また，各部の遠心力に対する強度も細かく検討する必要がある．なお，スリット幅の最小値は板厚といわれているが，高精度な金型を使うことにより，それ以下の幅の打ち抜きも行われている．IPM モータの回転子の設計の詳細については，前述したように一般化が難しく，個別に磁界解析を使って設計が進められてゆく．詳細は専門書を参照していただきたい．

数値例　（D モデル）

＊仕様および図面により与えられた諸数値

永久磁石の比透磁率	$\mu_s = 1.05$
永久磁石の残留磁束密度	$B_r = 1.25\,\mathrm{T}$
永久磁石の厚さ	$h_m = 2.5\,\mathrm{mm}$
永久磁石の面積	$S_m = 21.81 \times 65 = 1417.7\,\mathrm{mm}^2$

＊諸量の例

①永久磁石のリコイル透磁率

$$\mu_s \mu_0 = 1.05 \times 1.26 \times 10^{-6} = 1.32 \times 10^{-6}\,\mathrm{H/m}$$

②永久磁石のパーミアンス係数：式 (9.8)

$$p_c = P_m \frac{h_m}{S_m} = P_m \frac{2.5 \times 10^{-3}}{1417.7 \times 10^{-6}} = 1.76 P_m$$

（P_m は外部パーミアンス）

 COLUMN

磁化 M と磁気分極 J

磁化 M と磁気分極 J は混同しやすいので，ここできちんと説明しておきます．

真空中で，磁界を H，磁束密度を B とすると次のように表されます．

$$B = \mu_0 H$$

H の単位は [A/m]，B の単位は [T] であり，μ_0 は真空の透磁率で，1.26×10^{-6} [H/m] です．

磁性体の内部では外部磁界 H により材料中に磁気モーメントが生じます．これを磁性体が磁化されるといいます．磁化 M とは単位体積中の磁気モーメントであり，磁化の強さを表しています．磁化 M の単位は [A/m] です．磁化 M を使うと，磁束密度 B は次のように表されます．

$$B = \mu_0 (H + M)$$

ここで，$J = \mu_0 M$ とおくと，次のように表すことができます．

$$B = \mu_0 H + J$$

このときの J が磁気分極です（JIS C 2501 で定義しています）．磁気分極 J の単位は [T] です．

ところが，JH 曲線の説明で，J を磁化の変化を表すと説明していることがあります．そのため，磁化 M と磁気分極 J を混同してしまうのです．磁化とは磁気分極が生じることなので，文章としては正しいです．そのうえ，単位が [T] である J_r を残留磁化と呼んでいます．これも磁化と磁気分極が混乱する原因の一つだと思います．このようなことは単位系が cgs，MKS，SI と変遷し，それぞれの段階で用語や定義が異なる経緯があったことが原因しているのだと思います．

10 かご形回転子の設計

本章では誘導モータのかご形回転子の設計について述べる．誘導モータの巻線形回転子の設計については設計書でよく述べられているが，かご形回転子についてはそれほど多くない．ここでは，すでに決定されている固定子内径から始めて，かご形回転子の設計について述べてゆく．

10.1 ギャップ長の決定

ギャップ長の電磁気的な理解については 7.6 節で述べた．ここでは，誘導モータのギャップ長の決定法を述べる．

誘導モータの場合，ギャップ長は小さければ小さいほどよい．励磁電流が低下し，エアギャップの漏れ磁束も低下する．したがって，力率が高くなり，電流が低下する．そのため，ギャップ長は機械的に許容する限り小さくするのが基本である．ギャップ長の最小値は機械的な要因にある．モータの体格から可能な最小ギャップ長が決まってしまう．

ただし，ギャップ長があまり小さいと機械的なアンバランスによる影響が出やすくなる．ギャップ不平衡は騒音，始動などの問題を起こすこともある．また，ギャップ長が小さいほど高調波磁束の影響が大きくなる．

経験的なギャップ長の決定法として，固定子の内径寸法に対する比率から決める方法がある[9]．図 10.1 に示すのは極数に対しての小型誘導モータの固定子内径 D_i とギャップ長の比率である．極数によりギャップ磁束密度の分布やギャップ漏れ磁束などが異なるため，比率が変わることを示している．

また，出力によりギャップ長を決める方法もある[8]．出力とギャップ長の関係を図 10.2 に示す．このほか，D_g と L からギャップ長 g を求める次の経験

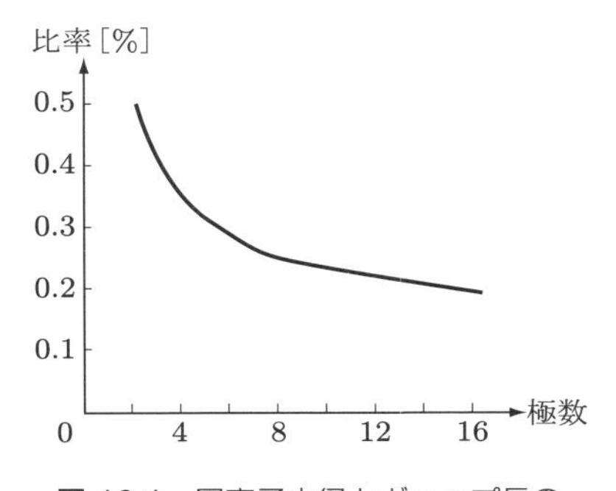

図 10.1 固定子内径とギャップ長の比率（単相誘導モータ）
（参考文献 [7] を基に筆者作成）

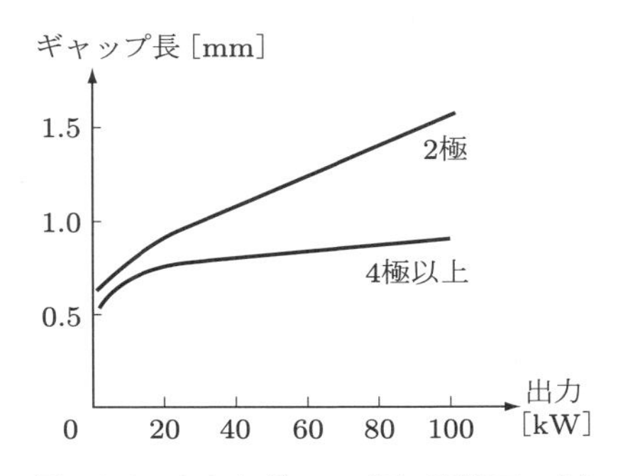

図 10.2 出力とギャップ長（誘導モータ）
（参考文献 [8] を基に筆者作成）

式†1がある[7]．ただし，この式において D_g, L の単位は [cm] である．

$$g = 3\left(4 + 0.7\sqrt{D_g L}\right) \times 10^{-2}\ [\mathrm{mm}] \tag{10.1}$$

以上述べたように，誘導モータのギャップ長は実績値，経験値のみで決めてゆくことになる．

10.2 スロット数

かご形回転子において，まず決定すべきは，回転子のスロット数，すなわち回転子の導体数である．回転子のスロット数は騒音と始動時の異常現象†2に影響する．固定子と回転子のスロット数の組み合わせについて，理論的，経験的に多くの考え方が示されている．回転子スロット数は経験的に決めてゆくことになる．経験的考え方を集約すると次のようになる[9, 10]．

(1) 回転子のスロット数は極力多くする
(2) 回転子のスロット数は，固定子スロット数より極数以上大きくする
(3) 騒音の点から，回転子のスロット数は，固定子スロット数より 20% 以上大きくする

†1 リヴシッツの式と呼ばれる．
†2 空間高調波により同期速度まで加速できない現象．クローリングと呼ばれる．

(4) 固定子スロットと回転子スロットが同一位置になる組み合わせが少なくなるようにする
(5) 回転子スロット数は極数の整数倍にする

また，避けるべきスロット数の組み合わせとして次のような経験式が示されている[10]．

- 基本的な考え方：$N_S \neq nN_R$
- 常に避けるべき組み合わせ：$N_S - N_R \neq \pm P,\ -2P,\ -5P$
- 振動，騒音から：$N_S - N_R \neq \pm 1,\ \pm 2,\ \pm(P \pm 1),\ \pm(P \pm 2)$
- コギングトルク，始動から：$N_S - N_R \neq \pm mP,\ \pm nmP$

ここで，N_S は固定子スロット数，N_R は回転子スロット数，P は極数，m は相数，n は整数である．

10.3　回転子鉄心形状

回転子のスロット形状の例を図 10.3 に示す．図 (a) は丸棒，図 (b) は平角棒，図 (c) はティースが平行なもの，図 (d) は深溝形，図 (e) は二重かご形である．いずれの形状もダイキャストで製造可能である．

回転子のスロットは開口スロットとしなくてはならない．しかし，ダイキャストでかご形導体を製造する場合，スロット開口部からアルミが流出してしまう．回転子外径に合わせた治具で流出を防ぐことも可能である．しかし，一般

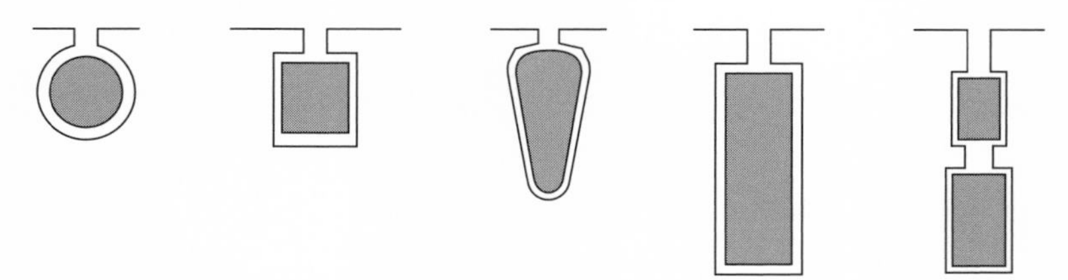

図 10.3　回転子スロット形状

にはダイキャストを考慮して閉スロットが用いられることが多い．図 10.4 に示すような閉スロットの場合，ブリッジの部分で回転子導体による磁束が短絡して漏れ磁束となってしまう．そのため，ブリッジの幅 h_3 を極力小さくし，ブリッジ部分を磁気飽和させる．磁気飽和すれば透磁率が下がるので，磁路とはならず，開口スロットと同じような磁束分布となる．ブリッジ幅は小さいほどよいが，打ち抜きの精度と，ダイキャスト時の強度から決める．これについては，ブリッジ幅 h_3 を 0.05〜0.08 インチ（1.27〜2.03 mm）にする，という経験値もある[10]．

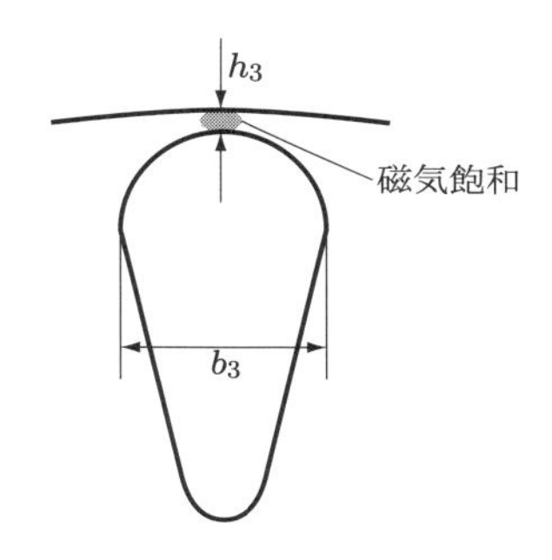

図 10.4　ダイキャストのスロット

かご形導体を流れる電流は図 10.5 の実線に示すように正弦波状に分布している．このことは導体棒（バー）1 本が 1 相の直列導体であり，1 相に $P/2$ の並列回路があるということになる．エンドリングを流れる電流はバー電流の合成になる．したがって，バー電流を I_b とすると，エンドリング電流 I_e は次のように表される．

$$I_e = \frac{N_R}{P\pi} I_b \tag{10.2}$$

なお，バー電流は次のような考え方で求めることができる．誘導モータの場合，出力は二次入力から求めることができる．静止時のバーの誘導起電力を E_b とすると，出力 P_o は次のように考えられる．

$$P_o = (1-s) N_R E_b I_b \cos\phi_2 \tag{10.3}$$

ここで，$\cos\phi_2$ は二次回路の力率，s はすべりである．いま，$(1-s)\cos\phi_2 = 1$

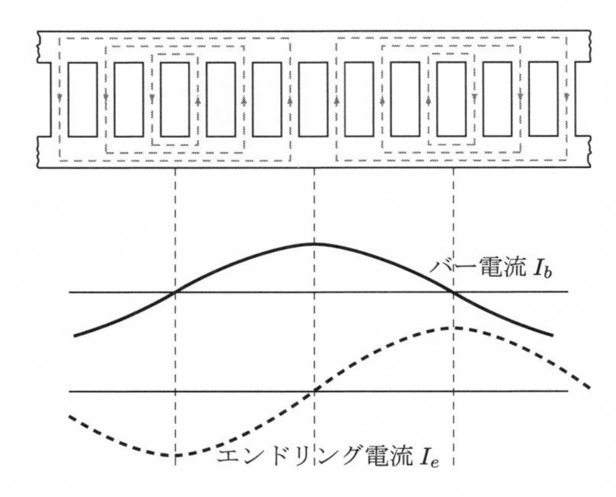

図 10.5　かご形回転子の電流

と仮定すると，

$$I_b = \frac{P_o}{N_R E_b} \tag{10.4}$$

となる．このとき，

$$E_b = \frac{1}{k_w Z_{ph}} E_1 \tag{10.5}$$

となるので，固定子の誘導起電力 E_1 からバー電流を求めることができる．

かご形回転子の導体としては銅，アルミが用いられる．アルミはダイキャストされるが，銅の場合，丸棒，角棒が用いられてきた．しかし，近年は銅のダイキャストも行われている．銅の場合，回転子の導体の断面積の総和は固定子巻線の断面積総和より少なくし，60〜80% にする[9]．これは回転子巻線のアンペア導体数が小さいこと，かご形導体には絶縁物がないため，固定子巻線より冷却がよいことなどによる．また，アルミダイキャストの場合，アルミの抵抗率が大きいので銅の 1.5 倍程度の断面積が必要となる．

かご形導体バーの断面積を決定する際には，次のような電流密度の上限を用いる[1]．

銅の場合：$\Delta_b = 4 \sim 7\,[\mathrm{A/mm^2}]$

アルミの場合：$\Delta_b = 3 \sim 6\,[\mathrm{A/mm^2}]$

スロット形状を決定するために，ティース幅を求める．回転子ティースの磁束密度 B_t は次のように表される．

$$B_t = \frac{\Phi}{d_t(N_R/P)L_i} \cdot \frac{\pi}{2}\,[\mathrm{T}] \tag{10.6}$$

ここで，N_R は回転子スロット数，P は極数，L_i は鉄心の有効積厚である．Φ はエアギャップの磁束である．なお，d_t は回転子のティース幅であり，最小値または平均値を用いる．

また，回転子ヨークの磁束密度 B_y は次のように表される．

$$B_y = \frac{\Phi}{2h_y L_i}\,[\mathrm{T}] \tag{10.7}$$

ここで，h_y はヨーク幅である．一般に，回転子のヨークはスロット底から軸まであり，磁束密度がそれほど高くないと考えられるので，h_y には余裕がある．しかし，極数が少なく，かつ，図 10.6 に示すような冷却用の風穴がある場合には風穴の影響を考慮して検討する必要がある．経験式として次の式がある[9]．

$$h_y = A + \frac{B}{3} \tag{10.8}$$

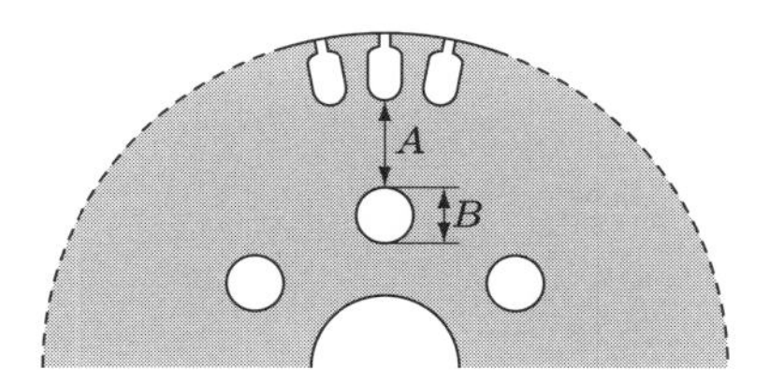

図 10.6 回転子に風穴がある場合

10.4 漏れインダクタンス

回転子の漏れインダクタンスは，7.7.2 項において固定子の漏れインダクタンスを求めたのと同じように，各磁路の比パーミアンス係数としてそれぞれ次のように考える．

λ_S：スロット漏れによる比パーミアンス係数

λ_e：エンドリング漏れによる比パーミアンス係数

λ_z：ギャップ長が小さく，回転子スロット数が多い誘導モータ特有のジグザグ漏れ磁束（千鳥漏れ磁束）による比パーミアンス係数

それらを合計して，次のように考える．

$$\lambda = \lambda_S + \lambda_e + \lambda_z \tag{10.9}$$

これにより，回転子の漏れインダクタンスは次のように表される．

$$L = \mu \frac{1}{N_{pp}} \frac{L_i}{2} \lambda \text{ [H]} \tag{10.10}$$

（注）式 (10.14) で後述するが，回転子では $N_{pp} = 1$ と考える．

表 10.1　回転子のスロット漏れパーミアンス係数

名称	スロット形状	スロット漏れパーミアンス係数
(a) 丸形スロット	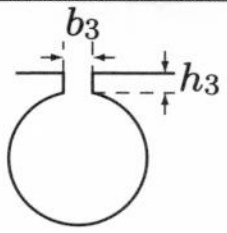 b_3, h_3	$\lambda_S = 0.66 + \frac{h_3}{b_3}$
(b) 角形スロット	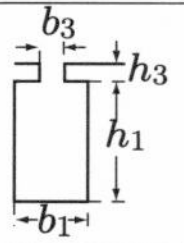 b_3, h_3, h_1, b_1	$\lambda_S = \frac{h_1}{3b_1} + \frac{h_3}{b_3}$ 表7.2 (b) と同じ
(c) 半開スロット 角形肩あり	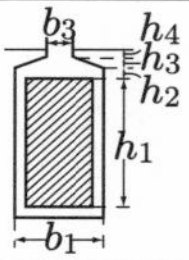 b_3, h_4, h_3, h_2, h_1, b_1	$\lambda_S = \frac{h_1}{3b_1} + \frac{h_2}{b_1} + \frac{2h_3}{b_1 + b_4} + \frac{h_4}{b_3}$ 表7.2 (c) と同じ
(d) 平行ティース	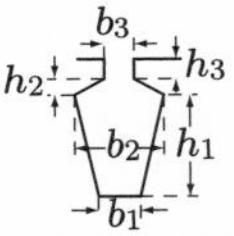 b_3, h_2, h_3, b_2, h_1, b_1	$\lambda_S = \frac{2h_1}{3(b_1+b_2)} + \frac{2h_2}{b_2 + b_3} + \frac{h_3}{b_3}$
(e) 楕円形スロット	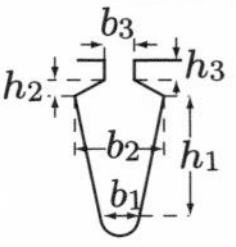 b_3, h_2, h_3, b_2, h_1, b_1	$\lambda_S = \sigma + \frac{2h_2}{b_2 + b_3} + \frac{h_3}{b_3}$ σはスロット形状による定数 （図7.7参照）

回転子スロット形状の比パーミアンス係数 λ_S の経験式を表 10.1 に示す[9]．この表は表 7.2 に示した固定子スロットの比パーミアンス係数と対応している．

エンドリングの比パーミアンス係数には次のような経験式がある[9]．

$$\lambda_e = \frac{2L_{er}N_R}{L_i(P\pi)^2} 0.46 \log_{10} \frac{0.75L_{er}}{h_{er}+d_{er}} \tag{10.11}$$

ここで，L_i は有効鉄心長，L_{er} はエンドリングの円周長，d_{er} はエンドリング幅（径方向），h_{er} はエンドリング高さ（軸方向）である（図 10.7 参照）．

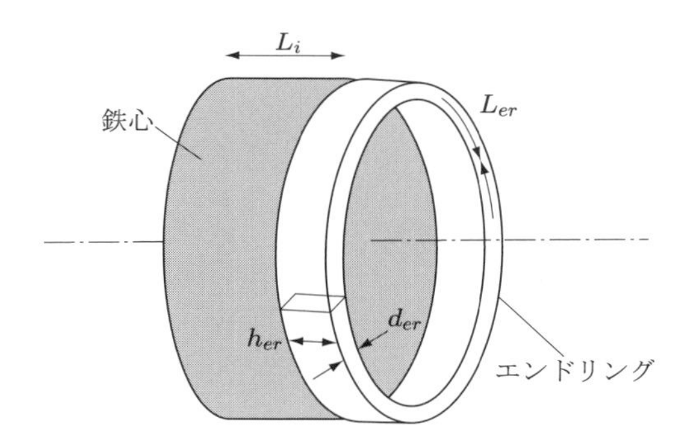

図 10.7　エンドリングの形状

また，より簡略化した次のような経験式もある[1]．

$$\lambda_e = \frac{N_R}{3P}(0.3\tau_P) \tag{10.12}$$

ここで，τ_P は極ピッチである．

ジグザグ漏れ磁束は図 10.8 に示すように，回転子，固定子のティースをジグザグに短絡し，回転子，固定子の導体のいずれともと鎖交しない磁束である．スロット形状だけでなくスロット数にも影響される．ただし，ギャップ長が大きければティース漏れと考えてよい．ジグザグ漏れ磁束の比パーミアンス係数には次のような経験式がある[9]．

$$\lambda_z = \frac{\{d_{tr} - 0.75(b_{3s}+b_{3r})\}^2}{6d_{tr}g} \tag{10.13}$$

ここで，g はギャップ長，d_{tr} は回転子のティース幅，b_{3s} は固定子スロット開

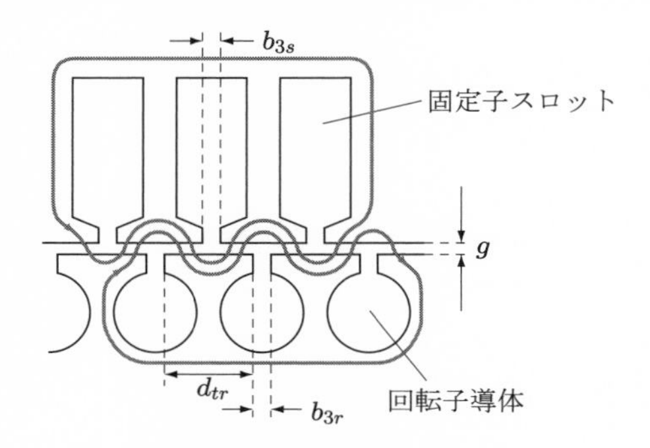

図 10.8　ジグザグ漏れ磁束

口幅，b_{3r} は回転子スロット開口幅である．

このほか，同期モータでは式 (7.28) が使われ，さらに，回転子，固定子のスロットピッチから求める経験式もある[10]．なお，文献 [1] には，ジグザグ漏れを高調波漏れとして表し，経験的な係数から求める式が示されている．

また，これらすべての要因を合わせ，等価回路定数を直接求める経験式（アダムスの式）として求める場合もある[4, 7, 8]．アダムスの式は章末のコラムに示す．

10.5　等価回路定数の決定

回転子導体の等価回路は固定子に対応するため，1 相あたりの等価回路として求める必要がある．そのため，次のような考え方で等価回路定数を求める．

かご形回転子のスロット数 N_R に対応させて，かご形回転子の相数 m_2 は次のように多相であると考えることができる．

$$m_2 = \frac{2N_R}{P} \tag{10.14}$$

このことは，かご形回転子の導体棒（バー）1 本が 1 相の直列導体に相当することになる（$N_{pp} = 1$）．1 相の巻線は，バー 1 本と両側のエンドリングのそれぞれの $1/N_{pp}$ の長さの直列回路となる．その直列回路が極対数（$P/2$）だけ並列になっていると考えることができる．すなわち，1 相の巻数は 1/2 である．したがって，回転子 1 相の抵抗 r_2 はバー 1 本の抵抗と両側のエンドリングの極対数（$P/2$）に対応する長さになる．

バー 1 本の抵抗 r_b は次のように求めることができる．

$$r_b = \frac{L_b \rho}{S_b}\ [\Omega] \tag{10.15}$$

ここで，L_b はバーの長さ（エンドリング中心部の間の長さ），ρ は導体の抵抗率，S_b はバーの断面積である．

バーの断面積は，回転子スロットが図 10.9 のような場合，式 (7.13) と同じように次のように求める．

$$S_b = \frac{1}{2}\{(b_{1r} + b_{2r})h_{1r} + \pi(r_{b1}^2 + r_{b2}^2)\} \tag{10.16}$$

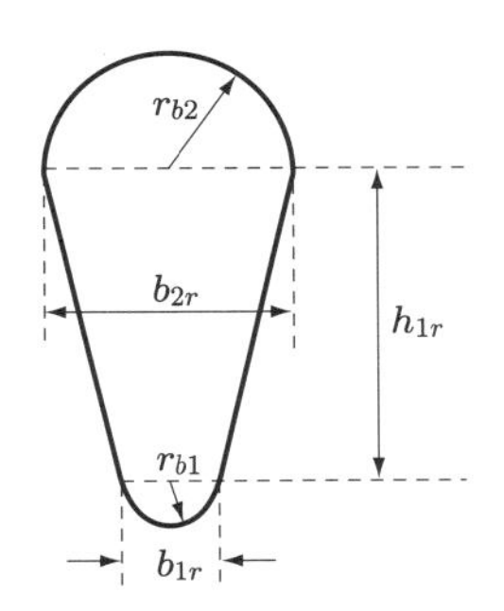

図 10.9　回転子バー形状

エンドリング片側抵抗 r_{e1} は次のように求めることができる．

$$r_{e1} = \frac{L_{er} \rho}{S_e}\ [\Omega] \tag{10.17}$$

ここで，L_{er} はエンドリングの円周の平均長さ，S_e はエンドリングの断面積であり，図 10.7 では $d_{er} \times h_{er}$ となる．

バーとエンドリングを流れる電流は異なる．等価回路定数とは，物理的な抵抗ではなく，回路上で一つの抵抗として扱うための定数である．したがって，回転子の抵抗を一つの抵抗として考える必要がある．

かご形導体を流れる電流は図 10.5 に示したように，固定子の極ピッチに対応している．バーを流れる電流は左右に分流し，エンドリングに流れる電流 I_e

は 1 極のバー電流の N_R/P 個分の総和の 1/2 となっている．電流が正弦波と仮定すると次のような関係となる．

$$I_e = \frac{N_R}{P\pi} I_b \qquad \text{(10.2) 再掲}$$

エンドリングとバーを流れる電流が異なるため，回転子の銅損 W_{cR} を求めるにはそれぞれの電流で求める必要がある．これをまとめるために，次のように考える．なお，式 (10.17) は片側の抵抗値を表しているので，これを 2 倍にして，

$$r_e = 2r_{e1} \tag{10.18}$$

とする．銅損は

$$W_{cR} = N_R {I_b}^2 r_b + {I_e}^2 r_e \tag{10.19}$$

で表されるので，式 (10.2) を考慮すると次のようになる．

$$W_{cR} = N_R {I_b}^2 \left\{ r_b + \frac{N_R}{(P\pi)^2} r_e \right\} \tag{10.20}$$

すなわち，

$$k = \frac{N_R}{(P\pi)^2} \tag{10.21}$$

とおくと，k はエンドリングの抵抗値をバーの抵抗値に換算するための係数ということになる．これにより，二次抵抗 r_2 は次のように表せる．

$$r_2 = r_b + kr_e = \frac{L_b\rho}{S_b} + \frac{N_R}{(P\pi)^2}\left(\frac{2L_{er}\rho}{S_e}\right) \tag{10.22}$$

回転子は相数が $2N_S/P$ で，1 相の直列導体数は 1 であり，$P/2$ の並列回路になっている．等価回路定数にするためには，固定子（一次側）に換算した r_2' を求める必要がある．そこで，インピーダンスの比率を用いて次のように換算する．

$$r_2' = \frac{3\left(k_w Z_{ph1}\right)^2}{N_R} r_2 \tag{10.23}$$

ここで，k_w は固定子の巻線係数，Z_{ph1} は固定子の 1 相の直列導体数である．

なお，ダイキャストでない場合，バーとエンドリングの接合方法により，接合部の抵抗も考慮しなくてはならないことがある．

漏れリアクタンスについては固定子の漏れリアクタンス x_1 と固定子（一次側）に換算した回転子の漏れリアクタンス x_2' を合わせた等価回路定数として $X = x_1 + x_2'$ を求める必要がある．換算は抵抗と同様に行えばよいので，次のようになる．

$$x_2' = \frac{3(k_w Z_{ph1})^2}{N_R} x_2 \tag{10.24}$$

以上のように，かご形誘導モータの設計において形状から等価回路定数を求めるには多くの経験式を使う．第 7 章でも述べたように，近年は磁界解析が容易に行えるようになってきている．形状から等価回路定数を求めるのではなく，有効磁束，漏れ磁束を直接求めることが可能である．誘導モータの場合，漏れリアクタンスは性能に大きく影響するので，机上計算により短時間で求めるのか，解析により精度良く求めるのかは，どのような設計段階であるのかを検討する必要がある．

数値例 （D2 モデル）

＊仕様および図面により与えられた諸数値

ギャップ直径	$D_g = 55.5\,\mathrm{mm}$
固定子積厚	$L = 70\,\mathrm{mm}$
固定子内径	$D_i = 56\,\mathrm{mm}$
回転子外径	$D = 55\,\mathrm{mm}$
固定子スロット数	$N_S = 24$
固定子の 1 相の直列導体数	$Z_{ph} = 204$
固定子分布係数（式 (8.2)）	$k_d = 0.966$
固定子極ピッチ（式 (6.13)）	$\tau_P = 87.9\,\mathrm{mm}$
回転子スロット数	$N_R = 32$
回転子の毎極毎相スロット数	$N_{pp} = 1$
相数	$m = 3$
極数	$P = 2$
回転子スロット形状（表 10.1(e)）	$b_1 = 1.698\,\mathrm{mm}$

	$b_2 = 3.162\,\text{mm}$
	$b_3 = 1\,\text{mm}$（形状から仮定）
	$h_1 = 7.47\,\text{mm}$
	$h_2 = 1.518\,\text{mm}$
	$h_3 = \dfrac{55-54.3}{2} = 0.35\,\text{mm}$
	$d_{tr} = 1.85\,\text{mm}$（ティース幅）
	$h_y = 9.25\,\text{mm}$（ヨーク幅）
エンドリングの諸量 （両側のエンドリングの平均と考える）	$h_{er} = \dfrac{13.3+11.6}{2} = 12.45\,\text{mm}$
	$d_{er} = \dfrac{13+14.5}{2} = 13.75\,\text{mm}$
	$L_{er} = \dfrac{\pi}{2}(29+26) = 86.39\,\text{mm}$
	$S_e = 13.75 \times 12.45 = 171.2\,\text{mm}^2$
バーの諸量	$L_b = 70 + \dfrac{13.3+11.6}{2} = 82.45\,\text{mm}$
	$b_{2r} = 3.162\,\text{mm}$
	$b_{1r} = 1.698\,\text{mm}$
	$h_{1r} = 7.474\,\text{mm}$
	$r_{b1} = 0.849\,\text{mm}$
	$r_{b2} = 1.581\,\text{mm}$

＊諸量の例

① D_g, L から求めたギャップ長 g：式 (10.1)

$$g = 3\left(4 + 0.7\sqrt{5.55 \times 7}\right) \times 10^{-2} = 0.25\,\text{mm}$$

② 図 10.1 から求めたギャップ長 g

図より 4 極の数値を読みとると，0.35% となるので，$D_i = 56\,\text{mm}$ を用いて，

$$g = 0.35 \times 10^{-2} \times 56 = 0.196\,\text{mm}$$

D2 モデルでは $g = (D_i - D)/2 = 0.5\,\text{mm}$ であり，機械的制約から決められていると考えられる．

③回転子スロット数の確認

$N_R - N_S = 32 - 24 = 8$，固定子スロット数より極数以上大きい．

$N_R/N_S = 1.33$，固定子スロット数より 20% 以上大きい．

$N_R/P = 32/2 = 16$，回転子スロット数は極数の整数倍である．

$N_S = 24$（15°）と $N_R = 32$（11.25°）では 8 か所に同一位置のスロットが出現する．

④スロット数の組み合わせ

$N_R/N_S = 1.33$ であり，N_R は N_S の整数倍ではない．

$N_S - N_R = -8$ であり，$\pm P$，$-2P$，$-5P$，± 1，± 2，$\pm(P \pm 1)$，$\pm(P \pm 2)$，$\pm mP$, $\pm nmP$ ではない．

⑤エンドリングとバーの電流：式 (10.2)

$$I_e = \frac{N_R}{P\pi} I_b = \frac{32}{2\pi} I_b = \frac{16}{\pi} I_b$$

⑥ティース幅から磁束の逆算：式 (10.6)

$B_t = 1.5\,\mathrm{T}$ と仮定する．

$$\begin{aligned}\Phi &= B_t d_{tr} \frac{N_R}{P} L \frac{2}{\pi} \\ &= 1.5 \times 1.85 \times 10^{-3} \times \frac{32}{2} \times 70 \times 10^{-3} \times \frac{2}{\pi} = 1.98 \times 10^{-3}\,\mathrm{Wb}\end{aligned}$$

⑦ヨーク幅から磁束の逆算：式 (10.7)

$B_y = 1\,\mathrm{T}$ と仮定する．

$$\Phi = 2h_y L B_y = 2 \times 9.25 \times 10^{-3} \times 70 \times 10^{-3} \times 1 = 1.30 \times 10^{-3}\,\mathrm{Wb}$$

⑧スロット漏れパーミアンス係数：表 10.1(e)

$h_1/b_1 = 4.40$，$b_2/b_1 = 1.862$ を用いて図 7.7 を外挿し，$\sigma = 0.8$ とする．

$$\lambda_S = \sigma + \frac{2h_2}{b_2 + b_3} + \frac{h_3}{b_3} = 0.8 + \frac{2 \times 1.518}{3.162 + 1} + \frac{0.35}{1} = 1.879$$

⑨エンドリングの比パーミアンス係数：式 (10.11) を用いた場合

$$\begin{aligned}\lambda_e &= \frac{2L_{er} N_R}{L(P\pi)^2} 0.46 \log_{10} \frac{0.75 L_{er}}{h_{er} + d_{er}} \\ &= \frac{2 \times 86.39 \times 32}{70 \times (2\pi)^2} \times 0.46 \log_{10} \frac{0.75 \times 86.39}{12.45 + 13.75} = 0.362\end{aligned}$$

式 (10.12) を用いた場合

$$\lambda_e = \frac{N_R}{3P} (0.3\tau_P) = \frac{32}{3 \times 2} \times 0.3 \times 87.9 \times 10^{-3} = 0.141$$

⑩ジグザグ漏れ磁束の比パーミアンス係数：式 (10.13)

$$\lambda_z = \frac{\{d_{tr} - 0.75(b_{3s} + b_{3r})\}^2}{6 d_{tr} g} = \frac{\{1.85 - 0.75(2 + 1)\}^2}{6 \times 1.85 \times 0.5} = 0.0288$$

（注）b_{3s}：固定子の $b_3 = 2\,\mathrm{mm}$（D モデルと同じ）

b_{3r}：回転子の $b_3 = 1\,\mathrm{mm}$（仮定した値）

⑪回転子バー断面積：式 (10.16)

$$S_b = \frac{1}{2}\{(1.698 + 3.162) \times 7.474 + \pi(0.849^2 + 1.581^2)\} = 34.42\,\mathrm{mm}^2$$

⑫バー 1 本の抵抗：式 (10.15)

アルミの 75℃ における体積抵抗率を $\rho = 0.033\,\Omega \cdot \mathrm{mm}^2/\mathrm{m}$ とする．

$$r_b = \frac{L_b \rho}{S_b} = \frac{82.45 \times 10^{-3} \times 0.033}{34.42} = 0.079 \times 10^{-3}\,\Omega$$

⑬エンドリングの抵抗：式 (10.17), (10.18)

$$r_e = 2r_{e1} = 2\frac{L_{er}\rho}{S_e} = \frac{2 \times 86.39 \times 10^{-3} \times 0.033}{171.2} = 0.0333 \times 10^{-3}\,\Omega$$

⑭二次抵抗：式 (10.22)

$$\begin{aligned} r_2 &= r_b + \frac{N_R}{(P\pi)^2} r_e \\ &= 0.079 \times 10^{-3} + \frac{32}{(2\pi)^2} \times 0.0333 \times 10^{-3} = 0.106 \times 10^{-3}\,\Omega \end{aligned}$$

⑮一次側に換算した二次抵抗： 式 (10.23)

$$r_2' = \frac{3\,(k_w Z_{ph})^2}{N_R} r_2 = \frac{3(0.957 \times 204)^2}{32} \times 0.106 \times 10^{-3} = 0.379\,\Omega$$

（注）巻線係数 $k_w = 0.957$（第 8 章の数値例参照）

COLUMN

誘導機の漏れリアクタンスの経験式

誘導モータの漏れリアクタンスを求める経験式としては，多くの文献がアダムス（Adams）の式を挙げています[4, 7, 8]．アダムスの式は等価回路定数 X を直接求める式です．アダムスの式は次のように表されます．

$$\begin{aligned} X = x_1 + x_2' =& fK' Z_{n1}{}^2 P N_{pp} L_i \times 10^{-8} \left\{ 7.9 \left(\lambda_S + \frac{N_S}{N_R}\lambda_R \right) + 5.26\frac{\tau_a}{g}k_3 \right. \\ & \left. + \left(2.36\frac{L_e}{L}N_{pp} \right) \times \frac{\log(3\beta)}{K'} + \alpha \times \frac{K}{K_C} \times \frac{D}{P} \times \frac{N_{pp}}{g} \right\} \;[\Omega] \end{aligned}$$

ここで，次のように記号を定義しています．また，長さはすべて [cm] で示していることに注意してください.

f：周波数
K'：巻線ピッチによる係数（0.7〜0.9）†1
Z_{n1}：1 スロット内の導体数（=スロット内導体数/並列回路数）
N_{pp}：固定子毎極毎相のスロット数
λ_S：固定子スロットの比パーミアンス係数（表 7.2）
λ_R：回転子スロットの比パーミアンス係数（表 10.1）
τ_a：平均スロットピッチ. $\tau_a = \dfrac{\tau_S + \tau_R}{2}$
g：cm で表したエアギャップ長
k_3：有効ティース幅に関する係数. $k_3 = \left(\dfrac{d_{tiS} + d_{tiR}}{2\tau_a} - \dfrac{1}{2}\right)^2$
d_{tiS}：固定子ティースの有効幅 (cm)
d_{tiR}：回転子ティースの有効幅 (cm)
L_e：固定子コイルエンド長さ（図 7.9(a) 参照）
L：鉄心積厚
β：スロット数の比率で表したコイルピッチ
α：定数（かご形では 0.0166，巻線形では 0.045）
K：相帯磁気漏れ係数（スロット数 N_{pp} により 1.0〜3.0 に変化する）†2
K_C：固定子，回転子の合成カーター係数. なお，文献 [4, 7] では次のように定義している.

$$K_C = \frac{d_{tS}}{d_{tiS}} \times \frac{d_{tR}}{d_{tiR}}$$

ただし，d_{tS}：固定子ティース幅，d_{tR}：回転子ティース幅

D：エアギャップ直径 (cm)
P：極数

---

†1 文献 [4] ではスロット漏れ係数とし，巻線ピッチに対する図で示してある.

†2 数値または図は文献 [4, 7, 8] に示されている.

11 材料の選定と機械設計

本章ではモータの主要材料である，電磁鋼板，マグネットワイヤ，絶縁材料について述べる．さらに，モータの機械設計に関する概要を述べる．

11.1 電磁鋼板

モータの鉄心には電磁鋼板が用いられる．電磁鋼板とは鉄にシリコンを添加することにより磁気特性を向上させた板材である．積層して使うため，表面には絶縁被膜がコーティングされている．本節では電磁鋼板の特性，仕様について述べる．

電磁鋼板は方向性電磁鋼板（GO）と無方向性電磁鋼板（NO）に大別される．方向性，無方向性というのは，鉄の結晶の磁化容易方向の違いを示している．鉄の磁化容易方向を圧延方向に揃えたものを方向性電磁鋼板と呼んでいる．逆に，磁化容易方向がランダムになるように製造されているのが無方向性電磁鋼板である．モータではほとんどの場合，無方向性電磁鋼板が用いられる．

無方向性電磁鋼板にはフルプロセス材とセミプロセス材がある．フルプロセス材とは鉄板を打ち抜き加工後，そのまま積層して鉄心として使用できる一般的な電磁鋼板である．セミプロセス材は，打ち抜き加工後に歪み取りのための焼鈍をモータ製造者が行うことを前提とし，鉄鋼メーカでの焼鈍を簡略化した電磁鋼板である．量産型の小型モータではよく使われる．

JIS 規格では電磁鋼板は図 11.1 に示すように鉄損と板厚で指定される．図に示した例は厚さ 0.35 mm で鉄損が 3 W/kg 以下であることを示している．なお，ここでの鉄損は W 15/50 と定義している．これは 50 Hz で磁束密度 1.5 T のときの鉄損の値を示している．

電磁鋼板の磁気特性の一例を図 11.2 に示す．電磁鋼板の性能として要求さ

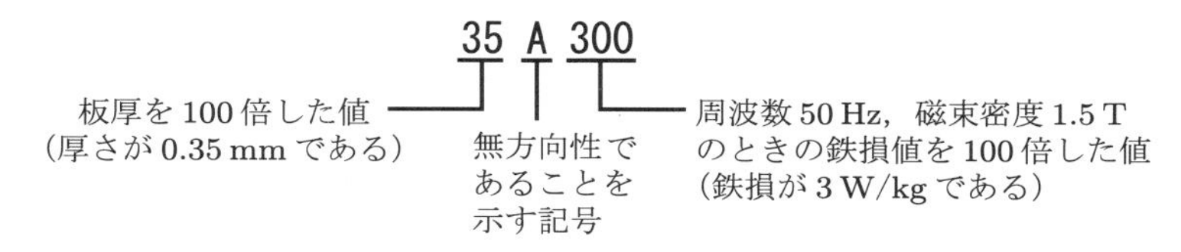

図 11.1 電磁鋼板の規格記号

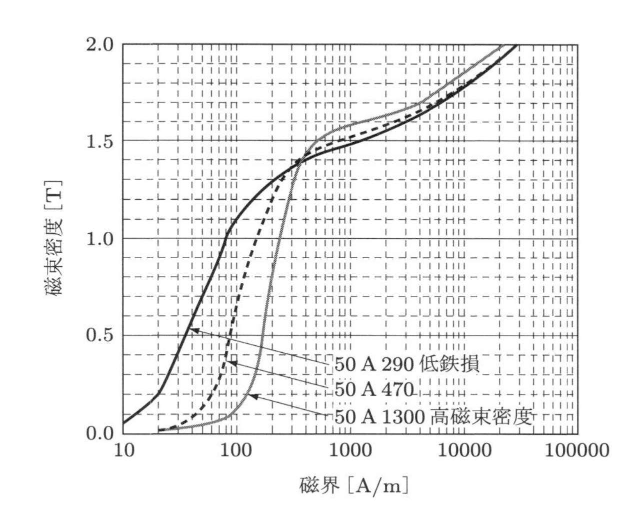

図 11.2 電磁鋼板の磁気特性

れるのは低鉄損と高磁束密度である．図から，低鉄損と高磁束密度が両立しないことがわかる．

電磁鋼板をモータに使用する場合，磁気特性だけでなく，機械強度や加工精度が求められる．一般に，鉄損が低い電磁鋼板はシリコン含有量が高いので機械的強度が強く，硬度が高い．すなわち，伸びが小さく，繰返曲げ回数も少ないという点で加工しにくい．一方，鉄損は大きいが磁束密度が高い電磁鋼板はシリコン含有量が低いので，機械強度と硬度が低い．すなわち，伸びが大き過ぎるという点で，別の意味で加工性が悪い．

近年はJIS規格で規定された以外の各種の高性能な電磁鋼板が発売されている．鉄損を低下させるため，板厚を薄くして0.1 mmにしたもの，抵抗率を高くするため通常は3% 程度添加するシリコンを6.5% 添加したもの，高強度なものなどさまざまな電磁鋼板が市販されている．

また，回転子の鉄心などには電磁鋼板以外の構造用材料も使われることがある．さらに，フレーム，軸などには構造材が使われるが，このような部分も磁路とする場合がある．このような構造材には鋼（炭素を含んだ鉄）が使われる．一般的な鋼として SS400 材があるが，強度が必要な場合，S45C 材などが使われる．これらの構造材を磁路とする場合には磁気特性を確認しておく必要がある．なお，鋳鉄は炭素量が多いため，磁気特性が悪く，磁路となるような場合にはあまり使われない．

11.2 マグネットワイヤ

モータなどの電気機器の巻線に使われる電線はマグネットワイヤと呼ばれる．マグネットワイヤは導体の表面を絶縁した電線である．マグネットワイヤのうち，導体の表面に絶縁物の被膜を焼き付けた，いわゆるエナメル線は中小型モータに使われる．大容量機では，マグネットワイヤとして導体の周囲を繊維やフィルムなどの絶縁物で被覆した横巻線が使われる．ここではマグネットワイヤとして，銅を導体としたエナメル線について概要を述べる．

マグネットワイヤの種類は被膜の材質によって表される．表 11.1 にマグネットワイヤの種類の例を示す．マグネットワイヤは被膜の材質により分類され，耐熱性が異なる．耐熱性が異なると，すべり性，可とう性などの巻線の加工性も異なる．さらに，耐熱性が高いと被膜をはがさないとハンダ付けができ

表 11.1　マグネットワイヤの種類

記号	種類	指定文字	温度指数 [°C]
UEW	ポリウレタン線	B	130
PEW	ポリエステル線	F	155
EIW	エステルイミド線	H	180
EAW	エステルイミド－アミドイミド線	N	200
AIW	アミドイミド線	R	220
PIW，IMW など	ポリイミド線	—	250

ない．導体の形状は丸線が基本であるが，平角線もある．

丸線の場合，マグネットワイヤの寸法は導体径により表される．さらに，被膜の厚さにも種類がある．0 種が最も厚く，3 種が最も薄いものを示す．導体の径によって被膜の厚め，薄めの寸法が異なるため，種については数値的に規定されていない．カタログには最小被膜厚さ，または仕上がり外径で表示される．モータの場合には被膜の厚い，0 種または 1 種を使うと考えてよい．

また，近年はインバータサージによる部分放電が問題になっている．部分放電開始電圧（PDIV）の高い被膜を使ったマグネットワイヤも販売されてきている．

11.3 絶縁材料

モータのコイルは鉄心に巻かれるので，コイルと鉄心は絶縁する必要がある．絶縁材料はモータに欠くことのできない材料であり，しかも，絶縁がモータの信頼性や寿命を決定する主要因である．つまり，絶縁設計こそがモータの実用上の最も重要な設計である．

表 11.2 にモータに使用される絶縁材料の例を示す．モータには多くの種類の絶縁材が使われている．たとえばスロット内の絶縁構造は図 11.3 に示すようになっている．エナメル線は被膜により表面が絶縁されているが，被膜に傷やピンホールがあれば鉄心と短絡してしまう可能性がある．そのためスロットの内壁を絶縁する．これをスロット絶縁という．スロット絶縁はフィルムをスロットの内壁に沿った形状に加工したものが用いられる．スロットライナーとも呼ばれる．集中巻の場合は，樹脂製のボビンにより鉄心と絶縁されることもある．また，低電圧のモータの場合，粉体絶縁塗装によりスロット絶縁が行われることもある．

一つのスロットに回路の異なる複数のコイルが巻線される場合，コイル間を絶縁する必要がある．これを層間絶縁という．

コイルがスロットに収められた後，スロット開口部からコイルが飛び出さないようにくさび（ウェッジ）でふたをする．くさびは絶縁のために用いられるのではなく，構造的な機能をもった部品である．スロット開口部の形状が磁束

表 11.2　モータに使用される絶縁材料の例

絶縁部位	形状	材料の例
ターミナル，コネクタ	任意の形状	フェノール，ナイロン
リード線	電線の被覆	ポリエチレン，フッ素樹脂
マグネットワイヤ	エナメル焼き付け	各種（11.2 節参照）
スロット絶縁	フィルム，塗装	PET，PEN などの各種樹脂，アラミド紙 *，ワニスクロス
層間絶縁	フィルム	
くさび（ウェッジ）	フィルム	
しばり糸	繊維	
わたり線絶縁	スリーブ	
リード線接続部	チューブ，フィルム	
ワニス	塗料	エポキシ，ポリエステル，シリコーン
モールド	注型樹脂	各種注型用樹脂

* 商品名：ノーメックス，ケブラーなど．

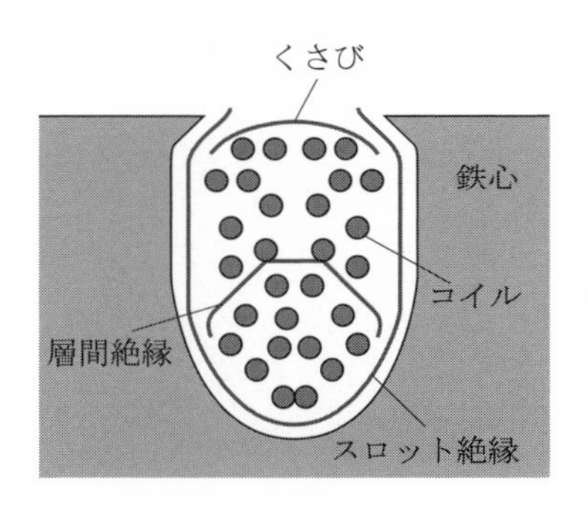

図 11.3　スロット内の絶縁構成

の分布に影響するため，くさびに磁性材料を用いることもある．

層間絶縁は多くのコイルが隣接するコイルエンドでも行われる．コイルエンドの層間絶縁を入れてからコイルエンドをしばり糸などで結束する．

絶縁材料は熱により特性が劣化し，絶縁性能が低下する．規格では温度指数として表している．温度指数は 20,000 時間の寿命を示す温度と考えてよい．

寿命と温度の関係については 10℃ 半減則，あるいは 8℃ 半減則に従うなどといわれる[†]．これは有機材料の熱による化学反応の促進を表したものである．経験的に，10℃ 半減則に従うとすると，次のように近似される．

$$L_x = L_0 2^{\frac{T_0 - T_x}{10}} \tag{11.1}$$

ここで，L_x は推定寿命，L_0 は規定温度 T_0 での寿命，T_x は使用時の温度である．この式は，温度が 10℃ 上昇するごとに寿命が半減することを示している．寿命については，マグネットワイヤでも同じように考える．

しかし，絶縁劣化は温度だけで起こる単純なものではない．絶縁劣化の進展を図 11.4 に示す．電気的要因とは過電圧などによる強電界，部分放電などによるものである．熱的要因とは温度上昇によるものである．環境的要因とは水分，酸化，塵埃などによるものである．機械的要因とは熱膨張や応力である．このように，絶縁劣化は各要因の複合で劣化が進み，複雑なプロセスで進展してゆく．このような長期にわたる劣化を含めて総合的に評価するためには，モータとしての絶縁システムとして評価することが重要である．しかしながら IEC では，

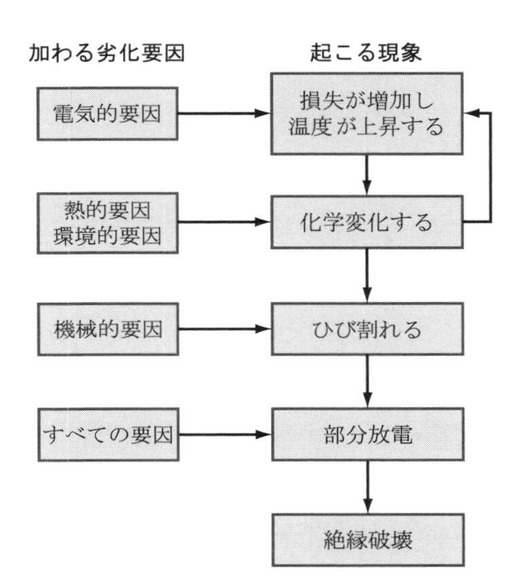

図 11.4　絶縁劣化の進展

† アレニウスの法則と呼ばれる．

「絶縁システムを評価するのに好ましい根拠は適切な経験にある．経験がない場合には適切な試験を実施し，その際には実績のある他の絶縁システムを参照絶縁システムとして使用すべきである．材料単体の熱的性能にかかわらず，絶縁システムとして満足な性能が得られればよい．」

としている．単に規格に従うのではなく，製造者の経験または試験により，製造者の責任で絶縁システムを選定することが必要とされている．

11.4 機械設計

モータは運動エネルギに変換する機械である．したがって，機械としての機能を満たす必要がある．ここではモータの機械設計についての概要を述べる．

11.4.1 軸

軸は外部にトルクを伝達する．すなわち，モータとして最も重要な機能をもっている．しかも，回転子の重量はすべて軸により支持されている．軸の設計にあたっては次のようなことを考慮する．

(1) 伝達するトルクに対して十分な強度をもつこと．
(2) 回転子の重量に対して十分な強度をもつこと．
(3) たわみがギャップのアンバランス量より十分小さいこと．ギャップ長の 1/10 がアンバランス量の限界といわれる．
(4) 危険速度から外れていること．

軸の強度は軸径に関係する．軸径はねじりモーメントと曲げモーメントにより求める．ただし，軸には繰り返し応力が働くため，疲労も考慮する必要がある．軸のたわみ量は回転子重量を荷重と考えて求める．

危険速度とは回転子のアンバランスから生じる不平衡な遠心力が原因している．この遠心力が回転子の固有振動数と共振する回転数を危険速度という．固有振動数を正確に計算するには，回転子系のばね定数などを使って求める必要がある．危険速度 N_c の近似式として次式がある．

$$N_c = \frac{30}{\sqrt{d}}\ [\mathrm{min}^{-1}] \tag{11.2}$$

ここで，d は軸のたわみ量 [m] である．この式は非常に単純なモデルにより表したものである．実際には，軸径が一様でない（段付き）ことや，軸受の種類による支持方法の違いなどにより，たわみ量が変化する．精度良く計算する必要がある場合には詳細な計算が必要となる．

11.4.2 軸　受

軸受は，転がり軸受とすべり軸受に分類される．転がり軸受は，図 11.5(a) に示すように軸に固定された内輪と，外部に固定された外輪の間に転動体があり，転がり接触している．一方，すべり軸受は，図 (b) に示すように軸と軸受がすべり接触する．すべり軸受は液体または気体の膜で軸を支持しているので，流体軸受と呼ばれることもある．

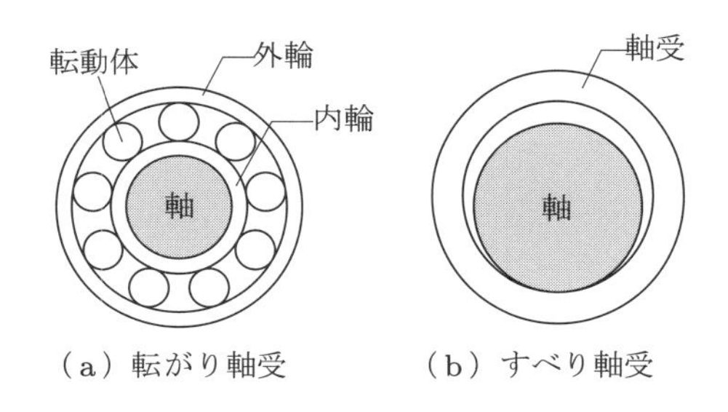

図 11.5　転がり軸受とすべり軸受

中小型モータでは転がり軸受が使われる．転動体の形状により玉軸受（ボールベアリング），ころ軸受（ローラベアリング）に分類される．玉軸受は玉と内外輪の溝の位置関係により，図 11.6 に示すラジアル力，スラスト力およびその合成を受けることができる．一方，ころ軸受は転動体と内外輪が線接触するため大きなラジアル力を受けることができる．転がり軸受の摩擦係数は小さく，$\mu = 0.001$〜0.003 である．ただし，転動による騒音が生じる．

すべり軸受は大型機や高速機で使われることが多い．作動流体により空気軸受，油軸受などの名称で呼ばれることがある．また，ラジアル力，スラスト力

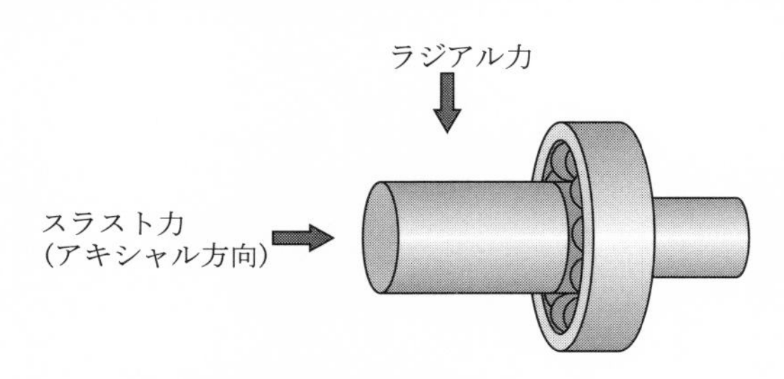

図 11.6　スラスト荷重とラジアル荷重

それぞれの荷重の方向ごとに，ジャーナル軸受[†]とスラスト軸受に分類される．摩擦係数は $\mu = 0.002 \sim 0.005$ であるが，始動時には 0.1 程度に大きくなり，さらに温度により摩擦係数が変化する．

すべり軸受の一つとして含油軸受（オイルレスベアリング）がある．軸受を多孔質の金属（オイルメタル）で作り，あらかじめ潤滑油を浸みこませてある．回転による熱膨張で潤滑油が浸み出て自己給油する．騒音が小さいので小型モータで使われる．

軸受は摩耗部品であり，モータの寿命に大きく影響する．軸受は基本定格寿命が 100 万回転とされているが，温度，運転頻度などにより寿命が変化する．軸受の選定，取り付けなどには機械設計としての考察が必要である．

11.4.3　フレーム

フレームは固定子鉄心を保持し，また軸受を介して回転子も保持する．フレームはそのための機械的な構造物であるだけではない．フレームは空冷の場合，放熱面となり，水冷の場合には冷却水の通路がフレーム内にある．さらに，固定子のヨークの一部として磁路として使用する場合もある．

固定子鉄心をフレームに圧入する場合，鉄心に応力が残留し，鉄損の増加を招くことがある．したがって，モータを小型化，高効率化するような場合，単なる外装，ケースと考えずにモータ設計の一部としても考える必要がある．一般的なフレームの構造を図 11.7 に示す．

† ラジアル軸受という意味であるが，すべり軸受の場合，こう呼ばれることが多い．

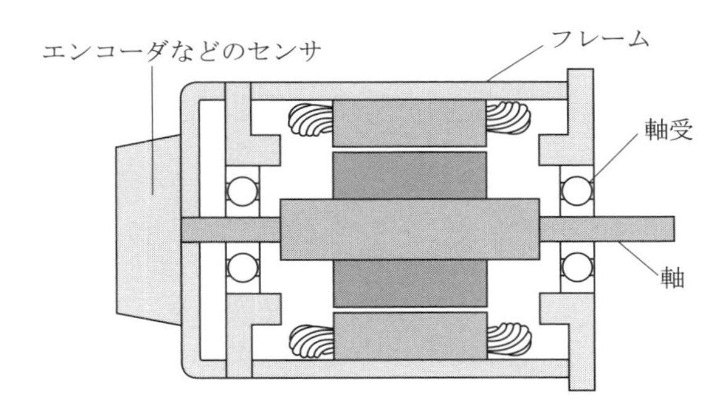

図 11.7 フレーム内のモータ

COLUMN

エナメル線の作り方

エナメル線は専門の電線メーカで作られます．どのように作られているかを紹介しましょう．

(1) 電気銅を溶解します．電気銅というのは純度 99.99% 以上の純銅です．
(2) 溶解した銅を太めの線材（10 mm 程度）にします．この線材はワイヤロッドと呼ばれます．
(3) ワイヤロッドを引き伸ばして，目的の太さまで細くします．このとき，ダイス（穴）に線を通し，段階的に伸ばしてゆきます．これを伸線といいます．伸線を何回か繰り返して所望の太さにします．
(4) 銅は加工により硬化してしまうので，焼鈍して柔らかくしてから伸線してゆきます．
(5) エナメルを焼き付けるために，溶融した樹脂の中を通し，加熱して表面に被膜として焼き付けます．これも何回か繰り返されます．
(6) 最終的に巻き取って完成です．

この説明では，単純な工程のように思えるかもしれませんが，それぞれの工程がノウハウの固まりのようになっています．マグネットワイヤは，専門メーカでないとなかなか手が出せません．

12 冷　却

モータは銅損，鉄損などの損失により発熱する．モータの内部で生じた熱を外部に移動させ，内部の温度を低下させることを冷却という．冷却は設計段階で検討する必要がある．本章ではモータ冷却の基本について述べる．

12.1 伝　熱

まず，伝熱について説明する．伝熱とは熱が移動することをいう．伝熱する熱の量を熱流量と呼ぶ．熱流量 $\dot{Q}$ は，温度差 ΔT と熱抵抗 R_{th} により次のように表される．

$$\dot{Q} = \frac{\Delta T}{R_{th}} \tag{12.1}$$

熱抵抗は熱の移動のしやすさを表す量で，単位は [K/W] である†．熱流量 [J/s] は温度差 [K] に比例し，熱抵抗に反比例する．伝熱はメカニズムにより，熱伝導，対流熱伝達，放射伝熱に分けて考える．

熱伝導は物質内での伝熱である．固体内の温度勾配による熱の移動と考えてよい．固体内での熱伝導の熱抵抗 R_{th} は次のように表される．

$$R_{th} = \frac{\ell}{kS} \tag{12.2}$$

ここで，ℓ は熱の移動距離（物質の厚さ），S は熱が移動する部分の断面積，k は物質の熱伝導率である．熱伝導による熱抵抗は物質の形状と熱伝導率で決まる．一般的な物質の熱伝導率 [W/(mK)] を表 12.1 に示す．金属は熱伝導率が高いので熱抵抗が小さく，伝熱しやすい．絶縁材料は熱伝導率が低いので熱抵

† 本章では温度の単位は ℃ で表し，温度差の単位は K で表す．

表 12.1 各種物質の熱伝導率

物質	熱伝導率 [W/mK]
銅	403
アルミ	236
鉄	83.5
セラミックス(アルミナ)	16
エポキシ	0.3
PET	0.31
テフロン	0.25
水	0.58
空気	0.024

表 12.2 各種の熱伝達率の代表値

流体の種類/状態	熱伝達率 h [W/(m^{2}K)]
気体/自然対流	5
気体/強制対流	50
液体/自然対流	100
液体/強制対流	5000
沸騰	10000

抗が大きく，伝熱しにくい．

対流熱伝達は熱交換による伝熱である．固体と流体の間の熱の移動と考えればよい．固体から流体への熱伝達の熱抵抗は次のように表される．

$$R_{th} = \frac{1}{hS} \tag{12.3}$$

ここで，S は熱交換する面積，h は熱伝達率である．熱伝達率は流体の種類や流動状態で決まる量である．一般的な熱伝達率 [W/(m^{2}K)] を表 12.2 に示す．対流熱伝達による熱抵抗は流体と流動状態により大きく変化する．

放射伝熱は固体表面から電磁波としてエネルギが放出される現象である．輻射とも呼ばれる．放射エネルギは黒体の場合，絶対温度の 4 乗に比例する．したがって，モータの動作温度での熱放射による熱流量はそれほど大きくないと考えられる．放射伝熱による熱抵抗の近似式として次のような式がある[7]．

$$R_{th} = \frac{1}{6S} \tag{12.4}$$

ここで，S は発熱部分の表面積である．なお，この式の分母の係数 “6” は理論式†から求めた室温付近（20～40℃）の近似値である．

† ステファン・ボルツマンの式．

12.2 温度上昇

モータの温度上昇を予測するには熱抵抗を用いた伝熱回路による計算を行う．各部の熱抵抗を伝熱回路として表す．伝熱回路とは，式 (12.1) において，熱流量 $\dot{Q}$ が電流に相当し，温度差 ΔT が電位差に相当すると考え，熱抵抗との間にオームの法則が成り立つとして直並列の回路で考えるものである．

図 12.1 に示すような，直並列の伝熱経路の熱抵抗の合成を考える．図において，熱流が流体 A から固体 C を介して流体 B に伝熱している．伝熱により流体 A の温度 T_{A} が流体 B の温度 T_{B} に低下する．このとき，まず，流体 A から固体 C へ対流熱伝達し（熱伝達率 h_1），温度が T_1 になる．次に，固体 C 内の並列の熱伝導（熱伝導率 k_{2a}, k_{2b}）により温度が T_2 となる．さらに，固体 C から流体 B への対流熱伝達（熱伝達率 h_3）により流体 B の温度 T_{B} となる．このような場合，それぞれの熱抵抗を電気回路のように合成する．それぞれの熱抵抗は次のように表される．

$$R_1 = \frac{1}{h_1 S} \quad \text{（流体 A→ 固体 C への対流熱伝達）} \tag{12.5}$$

$$R_{2a} = \frac{L}{k_{2a} S_a} \quad \text{（固体 C 内 } a \text{ 部分の熱伝導）} \tag{12.6}$$

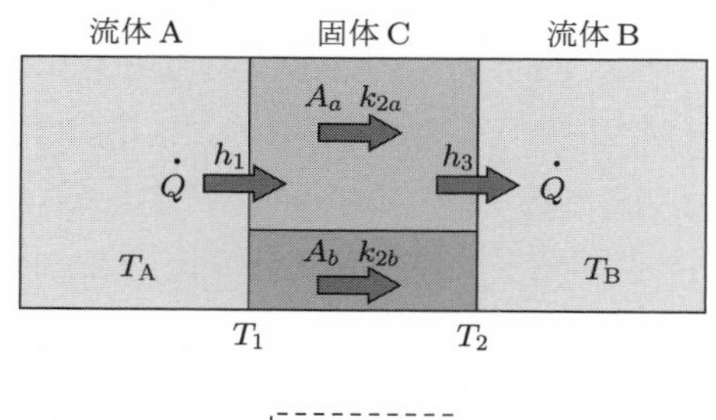

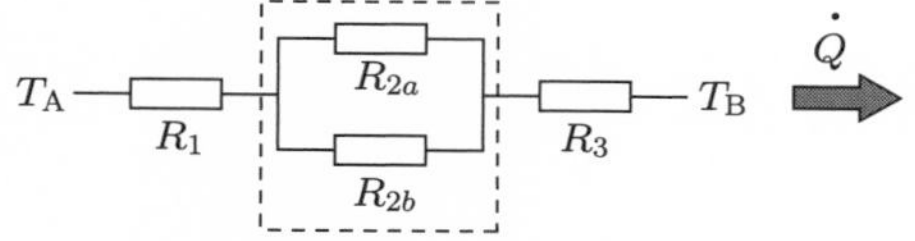

図 12.1　伝熱回路の合成

$$R_{2b} = \frac{L}{k_{2b}S_b} \quad \text{(固体 C 内 } b \text{ 部分の熱伝導)} \tag{12.7}$$

$$R_3 = \frac{1}{h_3 S} \quad \text{(固体 C→ 流体 B への対流熱伝達)} \tag{12.8}$$

並列部は次のように合成できる.

$$\frac{1}{R_2} = \frac{1}{R_{2a}} + \frac{1}{R_{2b}} \tag{12.9}$$

したがって，合成熱抵抗を使って，熱流量と温度の関係は次のように表される.

$$\dot{Q} = \frac{T_{\mathrm{A}} - T_{\mathrm{B}}}{R_1 + R_2 + R_3} \tag{12.10}$$

伝熱経路を伝熱回路として，その合成熱抵抗を求めることにより，冷却風や冷却水の温度と内部温度の温度差を求めることができる．熱流量 $\dot{Q}$ [J/s] は単位時間あたりに移動するエネルギであり，単位 [J/s] = [W] から考えても，熱流量は電気的な発熱量，すなわち損失電力 [W] に相当する．損失電力の平均値を用いれば，熱抵抗により，最終的な温度上昇の予測を行うことができる.

しかし，熱抵抗による温度の計算は，温度が飽和した状態，すなわち，定常状態の温度上昇を表している．すなわち，一定の損失が連続して発生しているときの最終到達温度である．負荷が一定でない場合，または，定常状態でない場合，温度上昇の時間な変化を考える必要がある．このときには熱抵抗だけではなく，熱容量 C_{th} を考慮する．熱容量とは，その物体の温度を 1 K 上昇させるのに必要な熱量を示す．ある物体に熱量 Q [J] を与えたときの温度上昇は熱容量 C_{th} [J/K] により，次のように表される.

$$C_{th} = \frac{Q}{\Delta T} \text{ [J/K]} \tag{12.11}$$

熱容量には質量が関係している．熱容量は物質の物性値ではなく，物体として決まる．比熱 c [J/gK] は物質の物性値であり，熱容量 C_{th} [J/K] は質量 m と比熱を使うと，次の関係で表される.

$$C_{th} = mc \tag{12.12}$$

熱容量は伝熱回路では電気回路のコンデンサに相当すると考えることができき

る．すなわち伝熱回路の過渡現象は，CR 直列回路における過渡現象と考えればよい．CR 直列回路の時定数 τ_e は次のように表される．

$$\tau_e = CR = (\text{静電容量}) \times (\text{電気抵抗}) \tag{12.13}$$

これと同じように，熱時定数 τ_{th} は次のように考えればよい．

$$\tau_{th} = C_{th}R_{th} = (\text{熱容量}) \times (\text{熱抵抗}) \tag{12.14}$$

したがって，温度は，初期温度を T_1 とすると次のように変化する．

$$T(t) = T_1(1 - e^{-t/\tau_{th}}) \tag{12.15}$$

同様に，損失がゼロとなり，温度 T_2 から冷却する場合は次のように変化する．

$$T(t) = T_2 e^{-1/\tau_{th}} \tag{12.16}$$

負荷が時間とともに変化する場合，時刻ごとに式を適用すれば温度の時間変化が予測できる．ただし，ここでの説明は熱伝達率などの定数を一定としている．実際には，各係数は温度により変化する．また，伝熱経路にある部品ごとに熱時定数が異なっている．そのため，精密に温度を予測するには熱伝導方程式を用いた動的な解析が必要となる．

このような熱容量を含んだ動的な温度の予測については，パワーデバイスの分野で，過渡熱抵抗という概念が導入されている．過渡熱抵抗には熱容量が加味されているので，時間に対して変化する．デバイスごとに過渡熱抵抗がデータとして与えられ，それを用いて温度変化を計算している．

12.3 モータの冷却

モータで発生する熱を外部へ移動させ，モータの温度を低下させるためには冷却が必要である．抜熱とも呼ばれる．モータの発熱の原因は様々であるが，運転中のモータで最も高温になるのはスロット内のコイルである．コイルにはジュール熱による銅損が生じる．スロット内のコイルはモータの構造から最も内部にある発熱部位である．そこで，モータの冷却の基準はコイル温度を基準に考えることになる．

表 12.3 空冷回転機の温度上昇限度（抵抗法）の例．周囲温度 40°C，単位 [K]
（JIS C 4034-1:1999 より抜粋）

耐熱クラス	E (120)	B (130)	F (155)	H (180)
600 W 以上の交流巻線	75	80	105	125
600 W 未満の交流巻線	75	85	110	130
冷却扇なしの自冷形・モールド形の交流巻線	75	85	110	130

規格†に決められたモータの上限温度の例を表 12.3 に示す．表に示すように耐熱クラスで定められた温度指数より低い温度で規定されている．なお，規格には，冷媒温度，標高に対しての補正などの詳細が示されている．

なお，表には抵抗法により測定した温度のみ示した．抵抗法とは停止直後の巻線抵抗の測定により次の関係から温度を求める方法である．

$$\frac{R_T}{R_t} = \frac{235 + T}{235 + t} \tag{12.17}$$

ここで，R_t は t [℃] における基準抵抗値，R_T は温度上昇後の抵抗値，T は求める温度（℃）である．なお，この式の係数は銅の 20℃ のときの数値である．抵抗法はコイルの全長を平均した温度を示しているので，局部的な高温状態の有無はわからない．

モータ内部の伝熱の経路を図 12.2 に示す．固定子スロット内のコイルで生

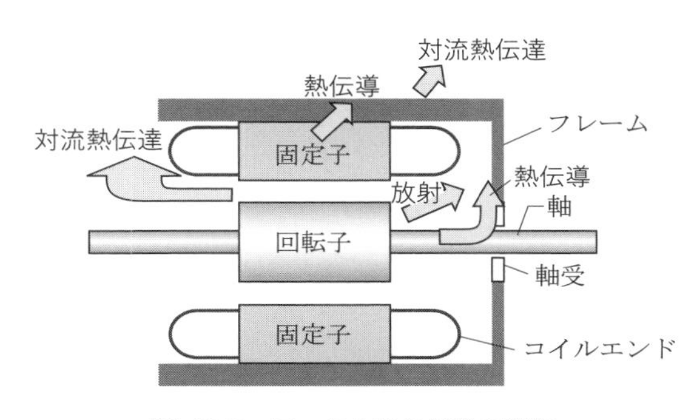

図 12.2 モータ内部の伝熱の経路

† JEC-2137，JIS C 4034-1 など．

じた銅損による熱は固定子の鉄心に伝熱する．これに固定子鉄心で生じた鉄損による熱の合計が固定子の発熱となる．図では固定子はフレームに圧入されており，固定子の熱はフレームに伝熱する．フレーム表面から外部の空気へ伝熱することにより冷却される．フレームに通風孔があれば，温度上昇した内部の空気が外部へ抜ける．固定子にはコイルエンドがある．コイルエンドは鉄心の外にあるため，周囲の空気により冷却される．一方，回転子は固定子の内部にある．エアギャップに冷却風を通すことができるので，回転子表面からエアギャップの空気を介して固定子に伝熱する．このほか，軸から外部の構造体への伝熱，放射伝熱による熱の移動もある．このような伝熱経路をモータの熱抵抗回路として表した例を図 12.3 に示す．

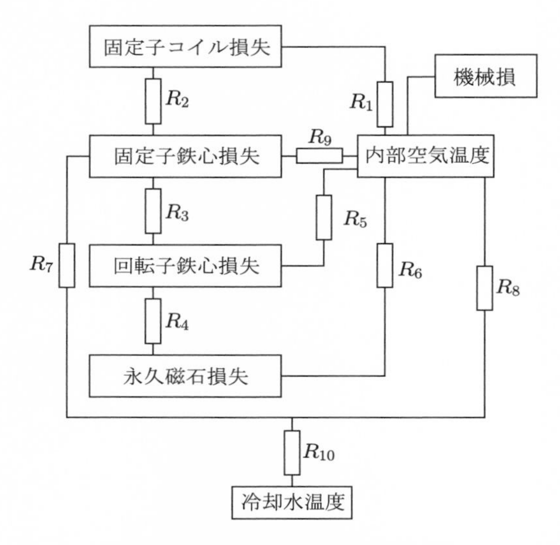

図 12.3　モータ内部の熱抵抗回路網

モータの冷却において，熱流量が大きい，すなわち冷却効果が大きいのは空気，水などの冷媒を使った対流熱伝達である．モータの冷却は

(1) 冷媒通路および熱の放散
(2) 冷媒の種類
(3) 冷媒の送り方

の三つの組み合わせにより表示される．ここでは冷媒ごとにそれぞれの冷却法について述べる．

空冷方式は空気を冷媒として冷却する方式である．空気を使用するため冷媒の再冷却は必要なく，抜熱後の温度上昇した空気は外部へ排出される．

空冷方式のうち，ファンを用いずに空気の対流のみで自冷する方式を自然空冷方式と呼ぶ．温度上昇により空気が膨張するため上へ移動する．そこに低温の空気が入り込み，自然に空気が循環する．自然空冷方式の場合，モータ内部で生じた熱はフレームに伝熱し，フレーム表面で外部の空気に対流熱伝達する．外部空気の移動速度（流速）は低く，熱流量は少ない．小型モータの場合，損失電力そのものが小さいので，熱流量が小さくても冷却可能である．すなわち，発熱量に対して相対的に熱容量が大きいので温度上昇が大きくならない．

対流熱伝達による熱流量は風速に比例すると考えてよい．ファンにより風を当てれば抜熱量は増加する．ファンを用いて強制的に送風する場合，二つの方式がある．モータとは別に外部にファンを設ける方式と，モータの回転軸でファンを駆動する方式である．外部ファンの場合，冷却のための風量を一定にしたり，調節したりすることが可能である．一方，モータ軸によりファンを回転させる場合，モータの回転数により風量が変化してしまう．モータの電流は発生トルクに比例し，銅損は電流の 2 乗に比例する．したがって，回転数にかかわらず，トルクが大きい場合に発熱が大きい．低回転でトルクが大きい運転をするような場合，外部ファンによる冷却が必要である．

水冷方式は外部から冷却水を供給することにより水に対流熱伝達し，加熱された冷却水を外部に排出することにより抜熱する．冷却水は外部の熱交換器で冷却し，再利用する．そのため，冷却水を流すための水路をモータ内部に構成する必要がある．さらに，送水のためのウォータポンプ，再冷却のための熱交換器および熱交換器用のファンが必要である．

水冷方式で注意すべきことは，一般的な水には導電性があるということである．つまり，水漏れしないようにしなくてはならない．純水であれば絶縁性があり，充電部を直接冷却することも可能である．しかし，純水を利用するためには水の循環系にイオン交換樹脂などによる純水再生装置が必要となる．また，水は使用していない場合の凍結にも注意する必要がある．そのため，水冷といっても，その多くは不凍液を利用している．このほか，油，水素などが冷媒として使われる．

モータの冷却で最も難しいのが回転子の冷却である．回転子は固定子の内側にあり，軸受によりフレームに固定されている．そのため，回転子の熱が外部へ伝達する経路は

(1) 軸を通して熱伝導し，周囲の機械部品に熱伝導する
(2) 軸受を介してフレームに熱伝導する
(3) エアギャップの空気に対流熱伝達する
(4) 固定子に放射伝熱する

などがある．

近年では回転子に油などの冷媒を直接滴下させて積極的に回転子を冷却することもある．また，回転子の水冷も行われる．回転子の水冷構造の例を図 12.4 に示す．軸を中空にして，軸内部に冷却水を通す．軸受のほかにシャフトシールが必要である．

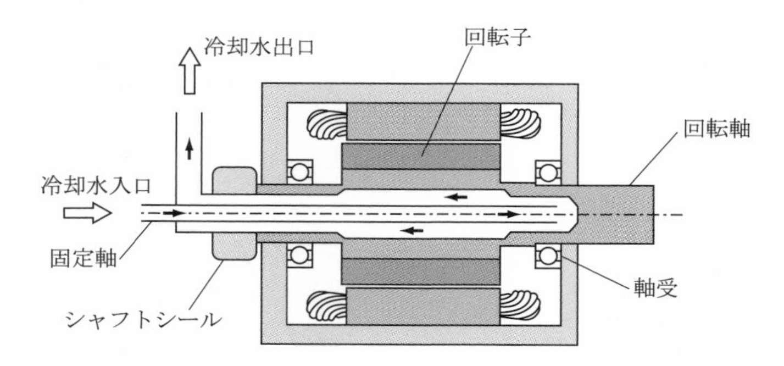

図 12.4　回転子の水冷

13 モータの製造からくる設計の制約

設計が終わったから後は現場の仕事だ，というような考えはモータでは成り立たない．電磁気的，機械的に成立する設計でも実際にモノとして製造できなくてはならない．そこで，本章では，モータの製造法の概略を述べ，設計の制約として考えるべきことを示してゆく．

13.1 モータの製造工程

モータの製造工程の概要を図 13.1 に示す．以下に順に説明する．

- **スリット**：鉄鋼メーカで製造された電磁鋼板（約 1 m 幅の鋼帯）を打ち抜き工程での所定の幅にスリットする．
- **打ち抜き**：電磁鋼板をプレス機により鉄心形状に打ち抜く．試作または製造数量が少ない場合，ワイヤカット放電加工やレーザ切断にて鉄心形状に切断する．
- **積層**：打ち抜いた鉄心を積層し，固定する．
- **焼鈍**：それまでの加工により生じた残留応力を取り除き，磁気特性を回復させるための熱処理を行う．
- **スロット絶縁**を挿入する．
- **巻線**：あらかじめコイルとして巻いておいたものを鉄心に挿入する．巻線機により直接鉄心に巻線することもある．
- くさび，**層間絶縁**などを装着する．
- **結線**：コイル間，中性点などの接続を行う．耐熱性の高いマグネットワイヤの場合，被覆除去，ロウ付けなどが必要である．
- **ワニス処理**：コイルにワニスを含浸する．ワニスにより絶縁性能が向上

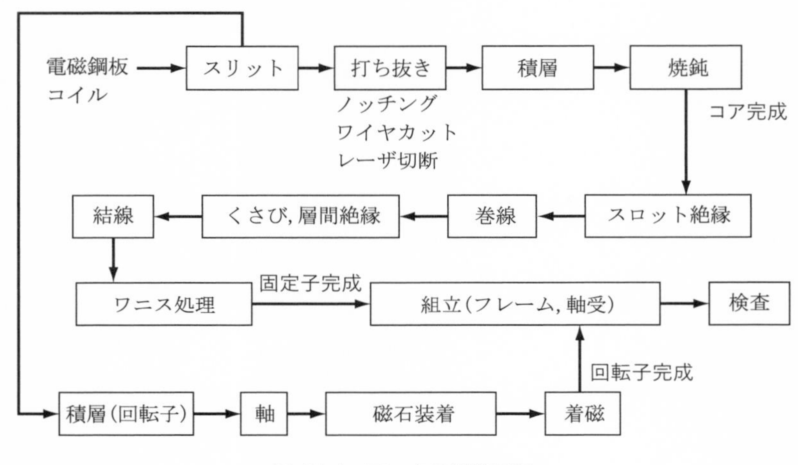

図 13.1　モータの製造工程

し，強度を高めてコイルの振動を低下させる．

- **積層（回転子）**：積層または機械加工により製作する．なお，かご形誘導モータの場合，回転子のダイキャストにより回転子を組み立てる．
- **軸**：回転子鉄心と軸を組み立てる．
- **磁石装置**と**着磁**：永久磁石モータの場合，磁石の取り付けおよび着磁を行う．
- **組立**：固定子鉄心をフレームに固定する．圧入やボルト締めにより行う．さらに，回転子と軸受を取り付ける．センサの取り付けを行う．

このように多くの工程を経てモータが製造される．このうち，電磁気的な設計の制約として考えなくてはならない工程について，さらに詳しく述べてゆく．

13.2　打ち抜き

鉄心に使う電磁鋼板は硬度が高いので機械加工しにくい．そのためせん断加工により切断する．せん断加工とは，力を加えて変形させることにより破壊する加工法である．図 13.2(a) に示すように上下の切断工具により電磁鋼板にせん断変形を与えることにより破壊する．上刃，下刃により 1 枚ずつ切断する．

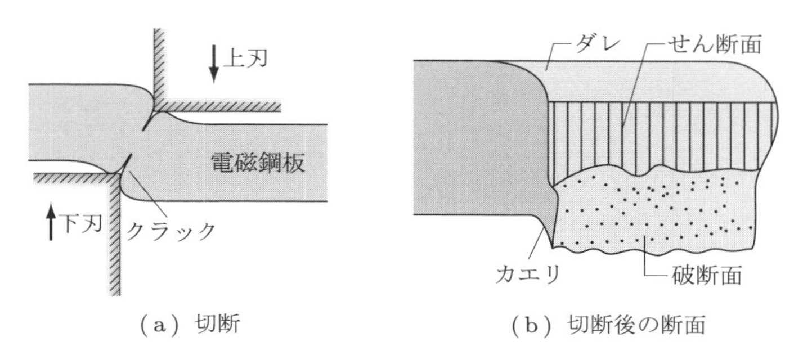

（a） 切断　　（b） 切断後の断面

図 13.2　せん断加工

いわば，ハサミで切るような切断方法である．

せん断された切り口は図 (b) に示すような形状になる．切り口にはダレ，カエリという変形部分とせん断面，破断面がある．ダレは工具が鋼板に押し付けられて，その圧力で押し下げられ変形した部分である．カエリは工具で押し下げられ外側に飛び出した部分である．バリともいう．この部分は塑性変形しており，内部の結晶も変形している．せん断面は工具により歪みを受けた面であり，工具に擦られているため光沢がある．破断面はクラックが進展して破断した面であり，結晶の粒面が表れ，ざらざらしている．

電磁鋼板は鉄損の小さいグレードほどシリコンの添加量が多く，硬くてもろいので破断面が大きくなる．シリコンの添加量が少ないと，柔らかく伸びやすいので，せん断面が大きくなり，ダレ，カエリが大きい．このように，切断により塑性変形しているので，残留応力（歪み）が生じる．塑性変形や残留応力は磁気特性を低下させるだけでなく，積層後の形状や鉄心の占積率にも影響する．

実際の切断では，スリットの場合は上下の回転する丸刃で連続的に切断する．打ち抜きの場合は上型（パンチ），下型（ダイ）により 1 枚ずつ打ち抜く．金型とプレス機の規模により，ワンパンチと呼ばれる 1 回で打ち抜く場合もあるが，ノッチング（切り欠き）といって，一部分ずつ順次切り欠いてゆく場合もある．

打ち抜き加工の精度は鉄心形状の精度そのものである．高精度な金型を使えば，鉄心に細いブリッジを残したりすることができるが，その限界寸法は打ち抜き加工法により決まる．また，切断面はエアギャップ面となるのでギャップ長の精度にも影響する．さらに，切断面には被膜がなく，絶縁されていない．切断後に再度絶縁被膜をつける場合もある．また，カエリのある状態で積層するので，積層鋼板の間が短絡することもある．

このほか，レーザ切断，ワイヤカット放電加工により切断されることもある．いずれも熱により切断する方法であるため，熱により絶縁被膜が損傷する．また，切断後に熱による残留応力が生じる．しかし，切断面は熱により焼鈍されることにもなる．

13.3　積　層

打ち抜いた電磁鋼板は所定の枚数を積層し固着する．電磁鋼板を積層する際には積み方にも考慮が必要である．無方向性電磁鋼板といえども磁気特性には圧延方向の影響が生じている．すなわち，方向により磁気特性はわずかに変化している．そのため，打ち抜いた電磁鋼板の方向を考えて積まなくてはならない．また，打ち抜きによるカエリ（バリ）の影響を防ぐことも必要である．

積層した電磁鋼板の固定には様々な方法が用いられる．図 13.3(a) の溶接の場合，固定子鉄心の外周部を何か所か溶接する．溶接は鉄心に圧力をかけた状態で行う．あらかじめ溶接部のビード（盛り上がり）や溶け込みなどを考慮した形状を鉄心に作っておく必要がある．溶接の熱により溶接点周囲の電磁鋼板の磁気特性は低下し，また絶縁被膜は損傷する．したがって，溶接位置は磁束分布を考慮して決める必要がある．

図 (b) のカシメは打ち抜きの際に電磁鋼板表面に突起を作り，プレスで押し付けて鋼板間を固着させる方式である．電磁鋼板が塑性変形することを利用しているので，カシメ部周囲の磁気特性は低下する．また，絶縁被膜が損傷するので，カシメ部で積層間が短絡する可能性がある．

このほか，図 (c) のようにボルトで固定されることもある．そのためには固定子ヨークにボルト穴をあける必要があり，ボルト穴は磁路とはならない．また，ボルトにうず電流が流れることも考慮しなくてはならない．小容量の場合，電磁鋼板を接着して固定することもある．接着剤の厚さによっては鉄心占積率に影響するが，磁路への影響はない．

回転子鉄心の積層の固定は軸に近い内径側で行う．そのため，磁路への影響は少ない．固定法は形式により異なる．永久磁石モータの場合，ボルト締めされることが多い．また，かご形誘導モータの場合はかご形導体をダイキャストすることにより積層鋼板の固定も行う．

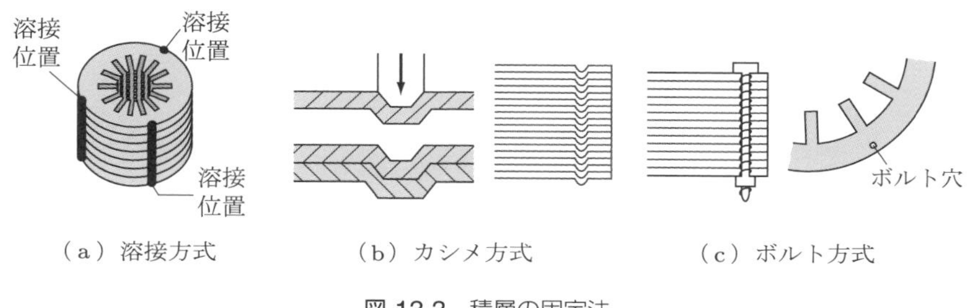

（a）溶接方式　（b）カシメ方式　（c）ボルト方式

図 13.3　積層の固定法

13.4 巻 線

巻線法として，あらかじめコイルを巻いておいたものを鉄心のスロットに挿入する方法と，鉄心に直接巻いてゆく方法がある．

コイルは巻線機により糸を巻き取るように巻かれる．所定の回数巻かれたコイルを鉄心のスロットに挿入する．固定子鉄心のスロットは内側を向いているため，固定子の内径側からスロットの開口部（ティース間）を利用してコイルを挿入する．すなわち，スロット開口部の幅が大きいほどコイルが挿入しやすくなる．このことは，巻線の作業性とモータの特性は相反することを示している．したがって，鉄心設計時には巻線作業からの制約を考えなくてはならない．また，コイルの挿入作業はスロット内の占積率と大きく関係する．コイル挿入の際にマグネットワイヤを痛めることがないようにしなくてはならないので，占積率が低いほど作業がしやすい．この点も作業性とモータの特性が相反している．そのため，設計時に設定する占積率は製造の実績を反映する必要がある．

このような巻線作業を行う自動機の例として図 13.4(a) に示すインサータが

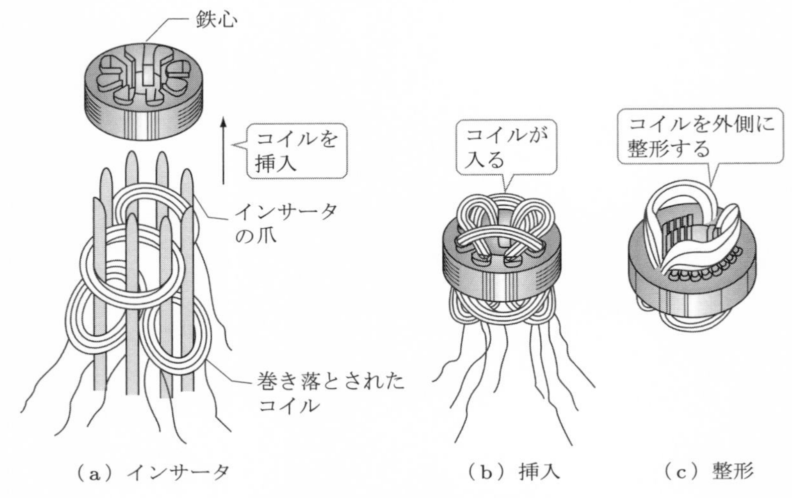

図 13.4　インサータによる巻線

ある．スロットに対応する爪（インサータ）にコイルを巻き落とす．爪を下から鉄心に挿入することによりコイルがスロット内に収まり，爪を抜いてもコイルはスロット内にとどまる．一度に全コイルを挿入することも可能であるが，何回かに分けて行う．挿入したコイルは図 (b) のようにコイルエンド部分が乱雑になっている．そこで，図 (c) のようにコイルエンドを外径側に広げ，さらに整形する．コイルエンドの整形は，インサータ以外のどのような巻線方法でも必要になる．

鉄心に直接巻線する場合，図 13.5 に示すようにノズルを使う．ノズルの先

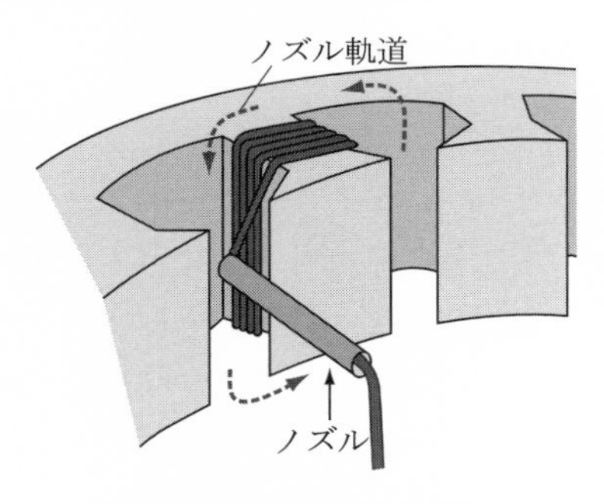

図 13.5　ノズルによる巻線

端はスロット開口部からスロット内部に入っており，巻線を整列させるように移動してゆく．ノズルを使う場合，スロット開口部の幅を大きくする必要がある．

分割鉄心を使う場合，分割した鉄心にコイルを巻いて，その後，鉄心を組み立てることになる．この方法は巻線しやすいので，占積率を高くすることができる．しかし，鉄心を接合する必要があり，磁路中（ヨーク）に接合部があることになる．接合部は磁気抵抗が増加する．分割鉄心の場合，ボビンにコイルを巻けば，ボビンがスロット絶縁となる．

いずれの巻線でも，マグネットワイヤの径が大きいと作業性が悪くなる．そのため，巻線しやすいワイヤ径を使う必要がある．また，平角線を使う場合，巻線によりねじれることがないようにしなくてはならない．さらに，コイルエンドの大きさは巻線作業により決まるので，設計時には実績から設定する必要がある．

13.5　ワニス

巻線終了後，コイルにワニスを含浸し固める．これをワニス処理という．現在は合成樹脂を使用しているが，歴史的に松脂などの天然樹脂を利用したワニスを用いたことからこの名称が残っている．ワニス処理の目的を以下に示す．

①巻線部分を一つの塊にすることにより，巻線間の摩擦を防ぐ．
②巻線部分を機器本体に固着させ，機械的強度を上げる．
③巻線部分への湿気，塵埃，ガスなどの浸入を防ぐ．
④繊維質材料（絶縁紙やテープなど）に含浸し強度，耐水性を与える．
⑤絶縁物の耐熱性，強度および寿命を向上させる．
⑥金属部分の腐食を防ぐ．
⑦コイル間の空隙を埋めて伝熱をよくする．
⑧鉄心の剛性を高くして，振動を防ぐ．

このように，ワニス処理には多くの効果が期待できる．期待する効果により，塗料を塗る程度に薄くワニス処理を行う場合や，全体をモールドするように厚くワニス処理を行うことまで，各種の処理が行われる．ワニス処理の方法を図 13.6 に示す．それぞれの方法により，ワニスの粘度が異なる．

ワニスとして各種の合成樹脂が用いられ，耐熱性能が異なる．しかし，ワニスの選定は耐熱性能だけでなく，マグネットワイヤとの相性が重要である．相性とはマグネットワイヤの絶縁被膜と長期間触れたときに，マグネットワイヤの被膜に経年的なひびや膨れを生じさせないことである．

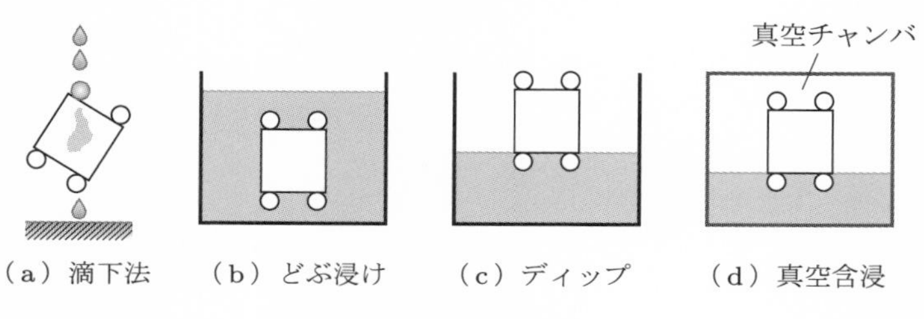

図 13.6　ワニス処理

13.6　検　査

最終工程として，内部にエンコーダなどのセンサを取り付ける．その後，検査を行う．検査は最終工程で行われるものと，途中の工程で行われるものがある．

検査には機械的な検査と電気的な検査がある．機械的な検査の代表的なものはバランスの確認である．回転子の回転中心と重心がずれていると不釣り合いにより振動が生じる．そのため，不釣り合い試験機（バランシングマシーン）により偏心距離に応じた錘の付加，または穴あけにより不釣り合いを修正する．

電気的な検査のうち，最も簡単なものは巻線抵抗の確認である．これにより各コイルの長さが確認できる．このほか，絶縁に関する検査として，絶縁抵抗，耐電圧，層間短絡などの確認を行う．

以上のようにモータの設計にあたっては，製造についての基本知識が必要であり，製造能力が設計の限界となることを認識しなくてはならない．

 COLUMN

図面の線の種類

本書の読者は電気系の方が多いと思いますので，電気系の学校であまり教えてくれない，図面の線の種類について説明します．

図面で使う線には，実線，破線，一点鎖線，二点鎖線の 4 種類があります．また線の太さは細線，太線，極太線の 3 種類があります．これらの組み合わせで，その線が何を意味するのかを使い分けています．このうち，モータの設計によく使うような，細線，太線の使い分けについて表 13.1 にまとめてみました．

表 13.1 図面で使う代表的な線の種類と用途

線の種類		名称	用途
太い実線	――――――	外形線	見える部分の形状を表す．
細い実線	――――――	寸法線	寸法を記入するために用いる．矢印をつけることもある．
		寸法補助線	寸法を記入するために図形から引き出す．
		引き出し線	記号などを示すために引き出す．
破線	----------------	かくれ線	見えない部分の形状を表す．
細い一点鎖線	—·—·—·—·—·—	中心線	図形の中心を表す．
		基準線	位置の基準を表す．
細い二点鎖線	·—··—··—··—··—	想像線	参考のために表す場合に使う．
ジグザグ線	[図]	破断線	一部を破ったり，取り去ったりしたことを表す．

太線と細線の太さは2:1である．極太線はここでは省略した．

14 性能予測

本章では性能予測について述べる．性能予測は，設計した諸元が目標とする性能を実現できるかを判断するために行われる．性能予測は設計計算で必ず行う手順であり，設計ルーチンの中で最も多くの回数行われる計算である．性能計算はシミュレーション，解析とは似ているようであるが，その目的が異なる．シミュレーションや解析は，モータの性能，動作を精度良く計算することが目的である．そのために，いろいろ工夫され，高度なものも取り入れられている．しかし，設計で行う性能計算は，設計した数値の妥当性をチェックするために行うものである．精度良く計算することはもちろん要求されるが，どの諸元を修正する必要があるかを明らかにする，または設計の限界を確認するために行われる．

14.1 等価回路

本書で述べてきたのは伝統的な設計法である．すなわち，設計諸元を仮決定し，その諸元から等価回路定数などを導出し，等価回路計算によりトルク，電流などの性能を予測し，その結果に基づき設計諸元を変更してゆく方法である．

等価回路による性能計算は理論的な根拠もあり，実績も多い．したがって等価回路により，ある基準での性能を求めることができる．しかし，等価回路計算に用いる等価回路定数は，完成後に実測して得るものを用いて行うのが本来の姿である．

実測値には，磁束分布，磁気飽和などによる影響があるはずである．それらの影響は経験的な係数などを用いて補正している．したがって，設計で求めた等価回路定数は実測値に近いものとなっているはずであり，等価回路計算により性能予測ができると考えている．

等価回路計算は，ほとんどが四則演算で行われ，プログラムすれば瞬時に特性が得られる．そのため，何度も繰り返して行われる性能予測に等価回路計算を用いているのである．

当然のことながら，等価回路計算では温度は一定としており，また磁気飽和の度合いは扱えない．また，近年は制御されるモータが多く，等価回路計算による性能は実際に制御したときのモータの性能とは異なる．

このような要因をどのように反映するかが，今後の課題の一つである．すなわち，設計段階で，正弦波前提での等価回路計算を行うか，制御によりドライブされた状態を考えて，それにふさわしい性能計算を取り入れるかである．従来はモータ設計とドライブ設計は別個に行われていた．すなわち，伝統的な方法でモータを設計し，それにより諸元が決まったモータを前提にドライブの設計を行っていた．近年は，モータとドライブを同時並行して設計し，組み合わせ性能を設計目標とすることがある．すなわち，制御に合わせたモータの設計という考え方も必要になっている．したがって，次節以降に述べる解析計算を設計の一部として取り入れることも多くなっている．

14.1.1　同期モータの等価回路

永久磁石同期モータの 1 相分の等価回路を図 14.1 に示す．回路の形は直流モータの等価回路と類似である．しかし，交流回路であるため，図 14.2 に示すベクトル図により交流として計算する必要がある．図に示した回路定数は設計計算の過程で数値として求められるものである．ここで，V_{ph} は相電圧，E は誘導起電力，Φ は磁束鎖交数，I は線電流，I_a は電機子電流，I_0 は鉄損電流，R_a は電機子抵抗，R_m は等価鉄損抵抗である．ただし，等価鉄損抵抗は

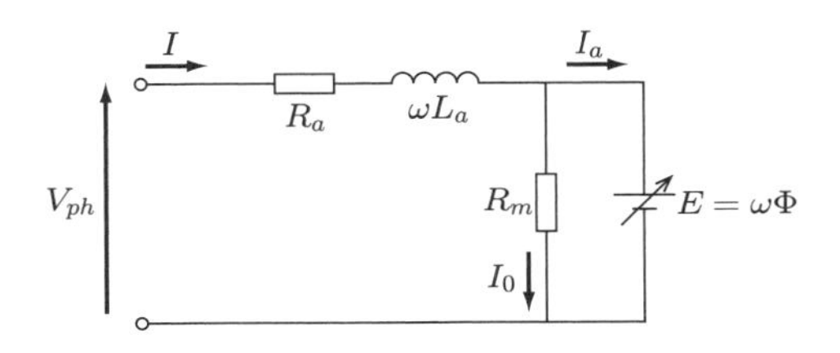

図 14.1　永久磁石同期モータの等価回路

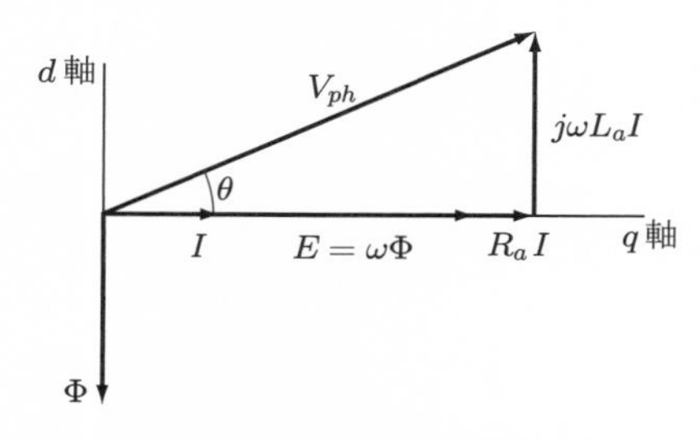

図 14.2 永久磁石同期モータのベクトル図

設計段階で計算するのは難しい．

IPM モータの場合，d 軸と q 軸の等価回路定数を求める必要がある．磁界解析を行わない場合，それぞれの回転子位置でのインダクタンスを磁気回路のパーミアンスから求める．さらに，それぞれの等価鉄損抵抗を求めなくてはならない．IPM モータの d, q 軸の等価回路を図 14.3 に示す．IPM モータの場合，等価回路だけで性能予測するのはなかなか難しい．そのため，次節の磁界解析によるインダクタンスの計算が設計に取り入れられるようになってきた．

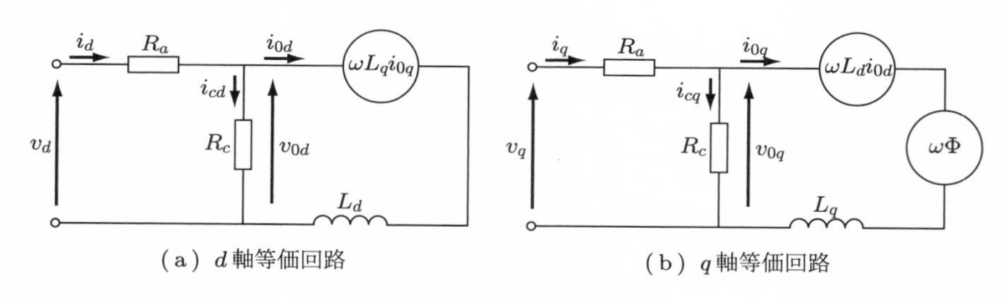

（a） d 軸等価回路　　（b） q 軸等価回路

図 14.3 IPM モータの等価回路

14.1.2 誘導モータの等価回路

誘導モータの性能計算を行うには T 形等価回路が用いられる．図 14.4 に示したのは最も一般的な等価回路である．特殊かご形などの場合，それぞれの等価回路を使用する．図中の記号は次のとおりである．r_1：一次抵抗（固定子巻線），r_2'：一次側に換算した二次抵抗（回転子），x_1：一次リアクタンス（固定子漏れリアクタンス），x_2'：一次側に換算した二次リアクタンス（回転子漏れリアクタンス），g_0：鉄損コンダクタンス，b_0：励磁サセプタンス，s はすべり

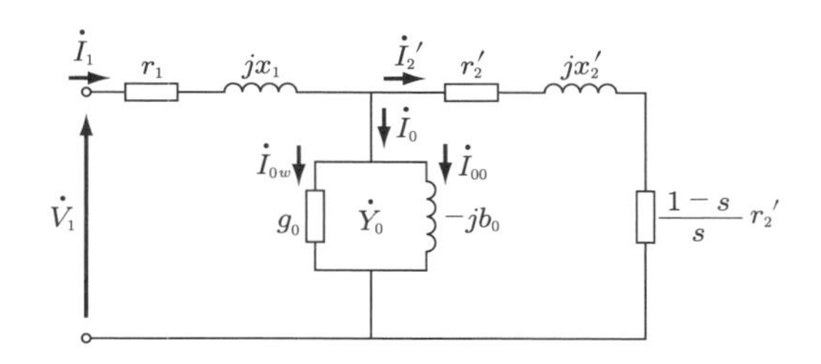

図 14.4　誘導モータの等価回路

である.

具体的な計算式は JIS などに詳細に規定されているものを用いる.

14.1.3　ブラシレス直流モータの等価回路

ブラシレス直流モータは永久磁石同期モータと同じような構成である．永久磁石同期モータは正弦波電流で駆動する交流モータである．しかし，一般にブラシレス直流モータと呼ぶ場合，回転子磁極位置に応じて印加電圧の極性を切り替え，矩形波状の電流で駆動するモータを指すことが多い．このような場合，永久磁石直流モータの等価回路を使用することができる．

ブラシレス直流モータの等価回路を図 14.5 に示す．永久磁石直流モータとの違いは，巻線のインダクタンス L_a による過渡現象を考慮しており，これにより電流の時間的変化が表せる点である．また低電圧駆動の場合，電流切換のパワーデバイスによる電圧降下 R_s を考慮することである．なお，正弦波駆動するブラシレスモータは，同期モータとして扱えば性能計算の精度が高くなる．

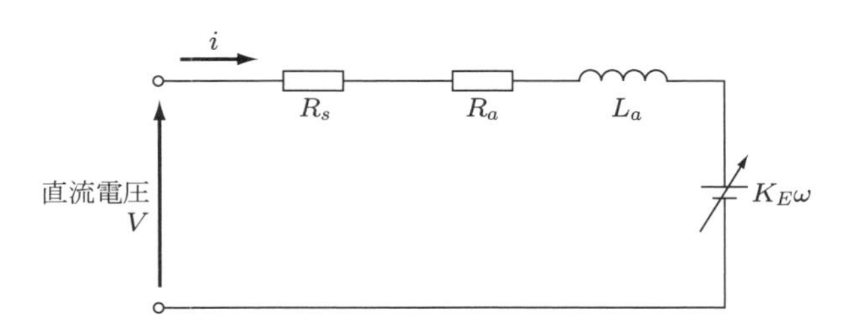

図 14.5　ブラシレスモータの等価回路

14.2 磁界解析

磁界解析によりモータ内部の磁界の様子がわかる．モータの形状を決めれば内部の状態を「見える化」することができる．このことから，磁界解析によりモータの設計がやりやすくなると思われがちである．しかし，解析と設計は目的が異なることを認識しなくてはならない．

解析するにはモデル化が必要である．すなわち，モータで生じている物理現象を数式化して解析モデルとしなくてはならない．しかし，すべての物理現象をモデル化することは不可能である．したがって，設計として行う磁界解析はその目的をはっきりさせて行う必要がある．

たとえば，スロット形状を最適化したい，という目的があったとする．磁界解析では，鉄心形状を入力すれば磁束の分布がすぐにわかる．しかし，解析により何を見て，何を最適化するのかという具体的な目標が必要である．たとえば，図 14.6 に示すように，スロット形状を変化させた場合，鉄心内の磁束の分布が変化する．このときの着眼点として次のようなことが考えられる．

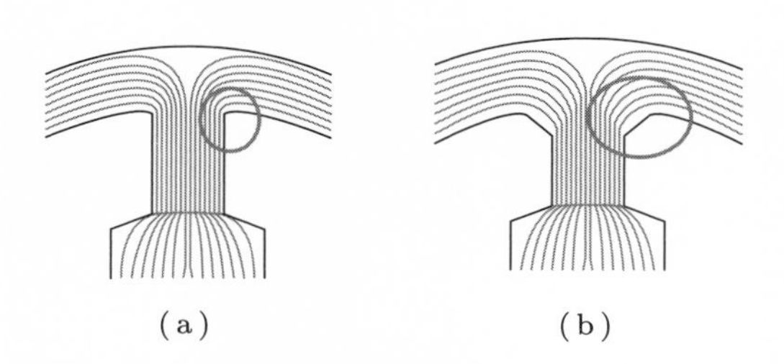

図 14.6　磁界解析による結果

(1) **磁束の流れがスムースであるか**：この場合，磁束線（等ポテンシャル線）により定性的な違いがわかる．図のように，スロット底の角部の曲率（アール）の影響などもわかる．磁化曲線を線形として扱っても可能である．スロット底を丸くすれば，角部の磁束集中がなくなり，磁束密度が低くなる．しかし，スロット面積は小さくなる．

(2) **磁束密度の最大値を知りたい**：設計計算は磁束密度の平均値を用いて行うので，ティースやヨークの幅が変化すれば平均磁束密度が変化する．磁界解析により平均値でなく局部的な最大値が求まる．このようなときには，電磁鋼板の非線形な磁化曲線を正確にモデル化する必要がある．

(3) **鉄損を減らしたい**：この場合，各要素ごとに発生する鉄損を求めることができるので鉄損の分布がわかる．鉄損の分布から形状の変更が行える．しかし，鉄損式を詳細にモデル化する必要がある．

(4) **有効磁束が知りたい**：この場合，回転子側のモデルが必要である．さらに，磁束はベクトル量であるので，トルク発生に有効な磁束成分を求める必要がある．

(5) **エアギャップの磁束分布が知りたい**：エアギャップ磁束の空間的な分布から空間高調波がわかる．すなわち，トルクリプルが計算できる．しかし，これは回転子鉄心の形状の影響も大きく，設計がほぼ終了しないとできない．

(6) **発生トルクが知りたい**：この場合，回転子表面に生じるマクスウェル応力を計算すればトルクが求まる．しかし，その結果から，どこの形状を改良すればよいのかがわからない．設計上の着眼点が必要である．

(7) **コギングトルクが知りたい**：この場合も回転子鉄心の形状の影響が大きいので回転子側のモデルが必要である．

このように解析は目的によりやり方が異なる．それぞれに適切なモデルを用いれば形状の変更に対する特性の変化が確認できる．すなわち，解析を活用すれば設計内容を改良することができる．しかし，解析は設計がある程度進んだ段階での改良には役に立つが，初期設計の段階では労力の割に効果が小さいといえる．

IPM モータなどでは，固定子，回転子の位相関係により d 軸位置，q 軸位置での検討が必要である．この二つの位置だけを解析すればよいのか，その中間の位置での解析が必要なのかは，解析の目的による．弱め磁束制御時の特性を予測したい場合には，中間位置での解析が不可欠になる．

誘導モータの場合，二次電流を求めるためには，すべりを解析に組み込み，回転子を回転させるなどの動解析が必要になってくる．

コイルエンド，うず電流などを解析する場合，3 次元解析が必要となる．3 次元解析は要素数が多くなり，現状では解析時間がかかるため通常設計の計算として組み込むことはそれほど多くないと思われる．

さらに設計目標をトルク，効率などとして，それらを精度良く得るには，単なる磁界解析ではなく，次節で述べるような連成解析が必要となる．

14.3　連成解析

モータの磁界解析は有限要素法により行われる．有限要素モデルを用いれば，磁界解析以外の物理現象も解析できる．このような一つのモデルで複数の物理現象（場）の解析を行うことを連成解析（マルチフィジックス）という．モータの磁界解析モデルを使って，同時に複数の解析を行ってゆく．

モータの磁界解析との連成解析として，電気回路，伝熱，応力，振動などがある．電気回路を考えれば，電圧と電流の関係が求まり，電気的過渡現象も考慮できるようになる．伝熱解析と連成すれば，鉄損，銅損の発生位置からの伝熱が扱えるので温度上昇や，冷却も含めて検討できる．また，応力解析により焼き嵌め，打ち抜き加工などの残留応力から鉄損の分布を詳細に検討することができる．これによりカシメや焼き嵌めの位置なども検討できる．しかし，複数の解析をどのように連成させるのかは計算規模などの点でよく考える必要がある．さらに，設計段階で，どこまでの解析を行うのかもよく検討する必要がある．

14.4　制御への対応

回路シミュレータと連成すれば，制御の方法，パワーデバイスの動作などに対応するモータの性能の変化がわかり，ドライブシステムとしての性能が計算できる．しかし，解析を詳細にすることは，すなわち，回路のスイッチング動作まで考慮するのか，理想スイッチモデルを使うのか，あるいは制御系のパラメータとしてモータを扱うのか，などによりモデルの規模が大きくなり，解析時間も長くなる．どのような解析を設計に組み込むか，どの段階から解析を行うかは十分検討する必要がある．

計算機の能力は着実に進歩してゆくので，このような解析は将来的には手軽に行えるようになってゆくと考えられる．しかし，これをモータの設計計算として行うのか，ドライブシステムのシミュレーションとして行うのかは目的をよく検討しなくてはならない．

14.5　物理学の導入

現在，モータの低損失化などを目指して，様々な取り組みが行われている．そのため，従来の設計では考慮されなかったような詳細な検討が行われるようになっている．これらはいずれも物理学として扱ってきた現象であり，それが設計に考慮されるようになってきている．

最近の解析で取り入れられていることの例をいくつか挙げる．インバータのスイッチング周波数が高くなり，交流抵抗を考慮するようになった．表皮効果により高周波電流は導体の表面近くを流れるので，実効的な抵抗は直流抵抗より大きくなる．平角線ではその影響が大きい．また，近接効果は並列導体間で生じ，隣接導体にうず電流が発生することにより実効的な抵抗が増加する．

エアギャップの高調波磁束に対応して，回転子のうず電流経路の詳細な解析が行われ，永久磁石の積層化の検討も行われている．

加工による残留応力で電磁鋼板の磁気特性が変化する．これについては，鉄損の増加だけでなく電磁鋼板内部での異方性などの磁気特性も考慮されるようになってきた．カシメ部や打ち抜き部の近隣での磁気特性の変化はトルクにも影響する．また，高周波化に伴い，異常うず電流損などの鉄損の詳細な検討も行われるようになってきた．

このように解析の高度化により行われていることをどこまで設計計算に取り込むかは今後の課題である．設計計算に取り込むためには，それぞれの形状のモータの個別の特性でなく，ある範囲での一般化が必要である．社内技術として取り入れられることはあっても，なかなか汎用の技術として展開することは難しいのではないかと思う．しかし，計算能力，計算技術は確実に進歩してゆく．今後の進歩により，さらに高性能なモータが短時間で設計できるようになると確信している．

COLUMN

守破離

日本の武道や芸術などで「守破離」という言葉が使われます．これは修行の段階を示している言葉だといわれています．

「守」は教わったことを徹底的に守ることです．型を身に付ける段階です．

「破」は教わった型が身に付いたら，それを破ってみることで自分流に改善できるようになる段階です．

「離」は，そこまでの経験があれば，自分流の新しい型を作ることができるようになるので，教わった型から離れて，新しい型を作ることができるようになるということです．

モータの設計は「術」だと述べましたが，やはり，モータの設計を学ぶには，この「守破離」の精神が必要だと思います．すごく性能の良いモータのアイデアが浮かんだとしても，設計の定型を身に付けていなければそのモータを実現することはできないと思います．既存の定型のモータの設計ができなければ，新しいモータの設計はできません．オリジナルのアイデアはもちろん大切ですが，そのアイデアを実行する基本を身に付けることも必要なのです．

「型があるから型破り，型がなければ形無しだ」というのはどなたかの言葉だったと思います．

付録　電気学会ベンチマークモデル

本書で各所に数値例を挙げているが，これは電気学会モデルと呼ばれるモータの諸元を基準にしている．電気学会モデルとは，標準のモデル（ベンチマークモデル）として，各種の解析法を比較するために設定されたモデルである．

本書ではそのうちの，エアコン用モータであるDモデル（分布巻IPMモータ）を用いて数値例を示している．また，誘導モータに関してはD2モデル（かご型誘導モータ）を用いている．モデルの諸元を表A.1に示す．また，図A.1～A.6に種々の図を示す．

Dモデル：「リラクタンストルク応用モータ」，電気学会（2016）．
D2モデル：「回転機の三次元電磁界解析実用化技術」，電気学会技術報告，1296号（2013）．

表 A.1　電気学会ベンチマークモデルの諸元

モデル名		D モデル	D2 モデル
		分布巻 IPMSM 4 極 24 スロット	IM 2 極 24 スロット
基本仕様	最大電圧	165 V	165 V
	最大電流	5 A	7.5 A（定格電流 4.6 A）
	定格トルク	1.8 Nm	1.8 Nm
	磁束鎖交数	0.157 Wb	—
	L_d	10.7 mH（3 A 時）	—
	L_q	26.3 mH（3 A 時）	—
	巻線抵抗（相）	0.814 Ω	0.640 Ω
	極対数	2	1
	相数	3	3
	巻数	140 回/相	102 回/相 （外側 25，内側 26）
固定子	外径	112 mm	112 mm
	積厚	60 mm	70 mm
回転子	外径	55 mm	55 mm
	積厚	65 mm	70 mm
	スロット数		32
	スキュー	—	1 スロット
磁石	残留磁束密度	1.25 T	—
	比透磁率	1.05	
	寸法	20.5 × 65 × 2.5 mm	—
電磁鋼板	グレード	50 A 350	50 A 1300（焼鈍あり）
	板厚	0.5 mm	

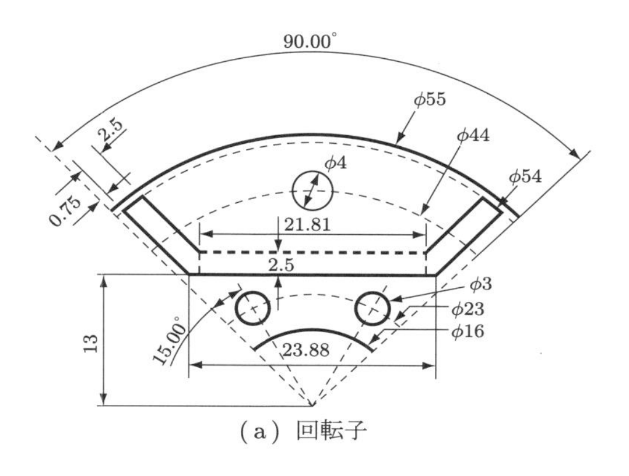

（a）回転子

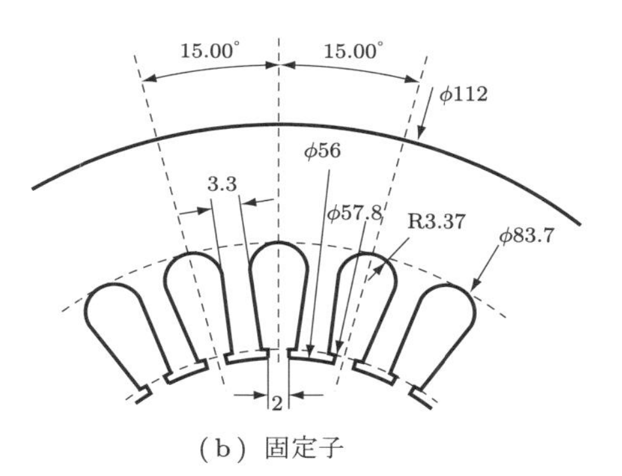

（b）固定子

図 A.1　D モデルの断面図

（「リラクタンストルク応用モータ」，電気学会（2016））

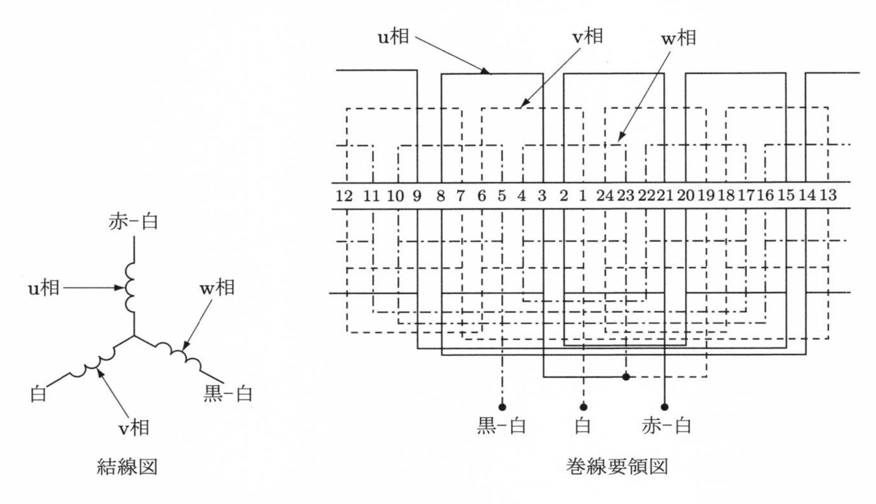

図 A.2　D モデルの巻線図
（「リラクタンストルク応用モータ」，電気学会（2016））

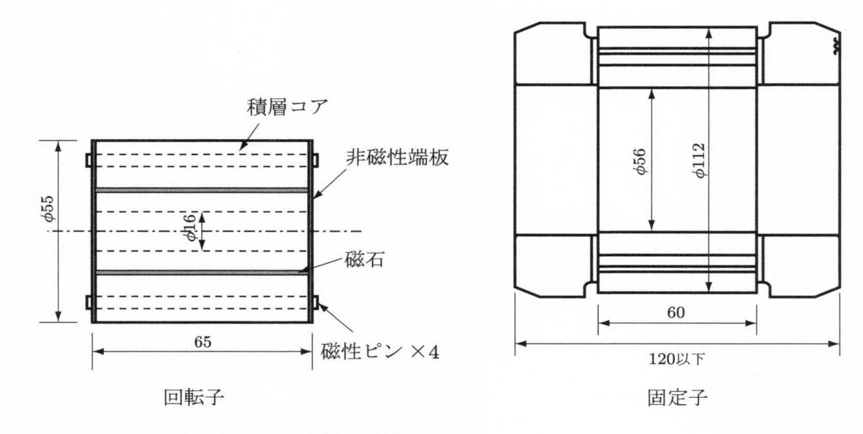

図 A.3　D モデルの断面図
（「リラクタンストルク応用モータ」，電気学会（2016））

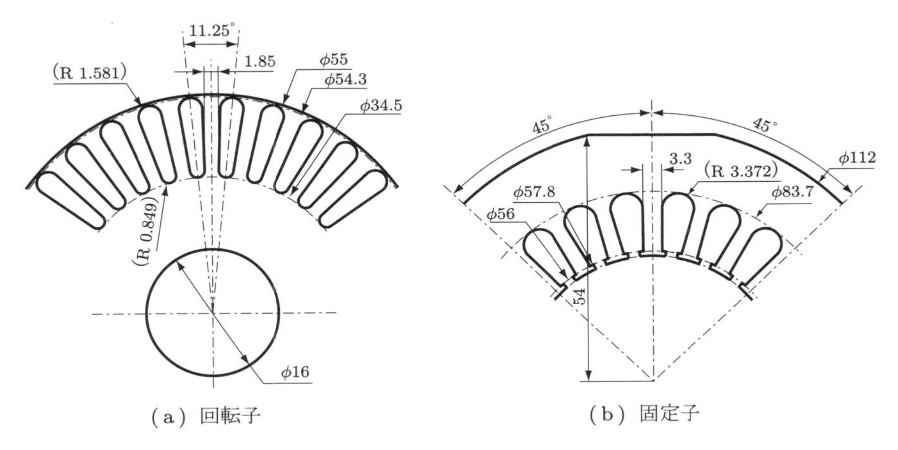

（a）回転子　　　　　　　　（b）固定子

図 A.4　D2 モデルの断面図

（「回転機の三次元電磁界解析実用化技術」，電気学会技術報告，1296 号 (2013)）

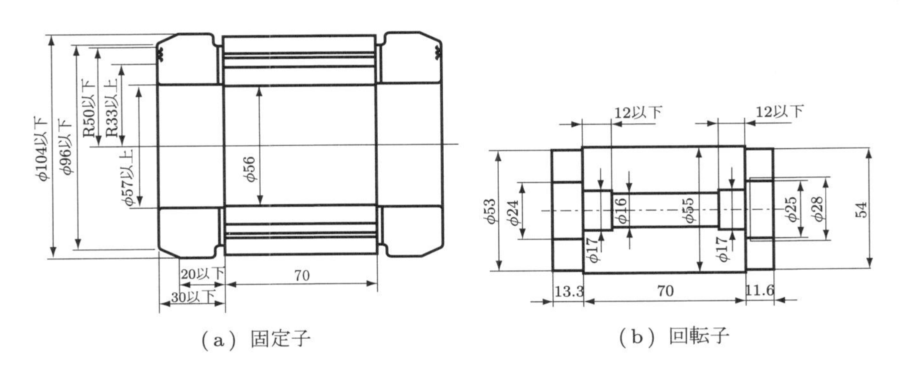

（a）固定子　　　　　　　　（b）回転子

図 A.5　D2 モデルの側面図

（「回転機の三次元電磁界解析実用化技術」，電気学会技術報告，1296 号 (2013)）

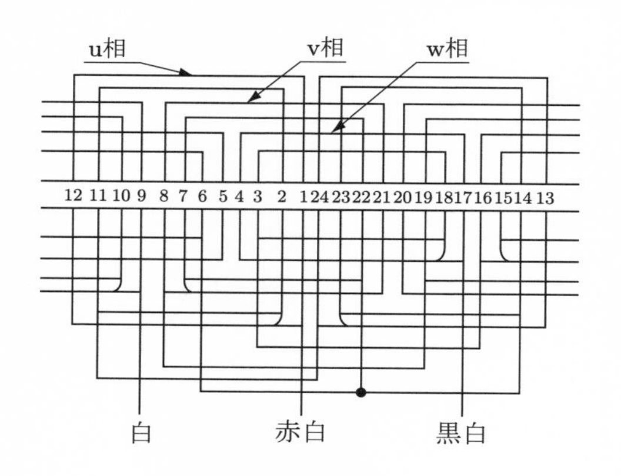

（a） 結線要領図

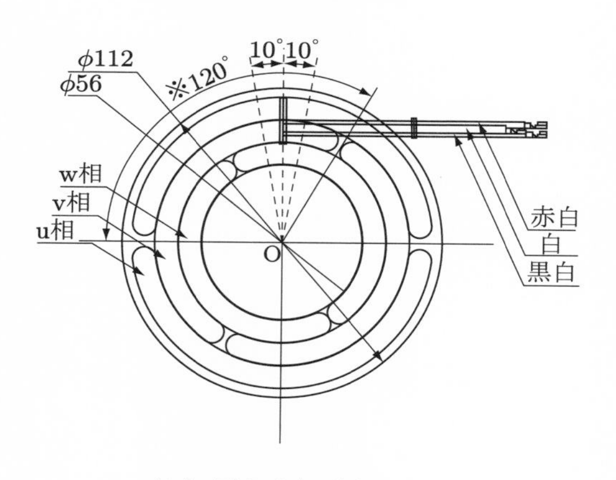

（b） 固定子上面図

図 A.6　D2 モデルの結線図

（「回転機の三次元電磁界解析実用化技術」，電気学会技術報告，1296 号 (2013)）

参考文献

現在入手可能なもの

[1] 「大学課程 電機設計学 改訂 3 版」，竹内寿太郎 原著，オーム社 (2016).

[2] 「モータ設計初心者のための永久磁石同期モータ設計入門」，JMAG モータ設計勉強会 編，(株) JSOL (2016).

[3] 「交流モータの原理と設計法」，樋口・阿部・横井・宮本・大戸，科学情報出版 (2017).

[4] 「電気設計概論 4 版改訂」，広瀬敬一 原著，電気学会 (2007).

[5] "Design of brushless permanent-magnet machines", J.R. Hendershot Jr., T.J.E. Miller, Motor Design Books (2010).

[6] 「埋込磁石同期モータの設計と制御」，武田洋二・松井信行・森本茂雄・本田幸夫，オーム社 (2001).

[7] 「電気機器設計（第 2 次改訂版）」，広瀬敬一，電気学会 (1982).

絶版，版元切れなどのもの

[8] 「電気機械設計法」，磯部昭二，開発社 (1980).

[9] 「単相誘導電動機とその応用（OHM 文庫）」，石黒敏郎・坪島茂彦，オーム社 (1959).

[10] "Theory and Design of SMALL INDUCTION MOTORS", Cyril G. Veinott, McGraw-Hill (1959).

[11] 「新・ブラシレスモータ」，見城尚志・永守重信，総合電子出版社 (2000).

[12] 「電気機器論―設計思想と技術の変遷」，大木 創・田中国昭，実教出版 (1984).

[13] 「永久磁石回転機」，大川光吉，総合電子出版社 (1982).

製造の参考となるもの

[14] 「入門 モーター工学」，森本雅之，森北出版 (2013).

[15] 「車載用主機モータの絶縁技術」，安原 隆・天城滋夫，トリケップス (2013).

[16] 「電機子の巻線（交流機編）」，安芸文武，パワー社 (1991).

おわりに

本書では，モータの設計についての理論や考え方を設計の流れに沿って解説した．しかし，本書に示した設計の流れは伝統的な設計である．近年の組み込み用モータは，用途指向型のモータと呼ばれ，ドライブと一体になって開発されることが多くなってきている．そのため，設計の流れが変化してきているように思える．つまり，従来の設計技術からの延長ではなく，新しい考え方が取り入れられ始めており，現在はその途上であると考えられる．

「はじめに」でも述べたように，本書は，モータ設計のハウツー本ではない．モータメーカに丸投げしていたエンジニアが，より良い用途指向型モータを開発するための知識を得るための書籍であり，設計でやっていることを理解するための書籍である．そのため，本書には設計例は示さなかった．竹内寿太郎博士原著の参考文献 [1] には，原著にはなかった永久磁石同期モータ，かご形誘導モータの設計例が追加されている．それに従えば設計は可能であることを追記しておく．

本書が多くのエンジニアの一助になれば，筆者の幸いとするところである．

森本雅之

索 引

英数字

あ行

か行

さ行

た行

な行

は行

ま行

や行

ら行

わ行

著者略歴

森本　雅之（もりもと・まさゆき）

電気学会フェロー

1975 年　慶應義塾大学工学部電気工学科卒業
1977 年　慶應義塾大学大学院修士課程修了
1977 年～2005 年　三菱重工業(株)勤務
1990 年　工学博士（慶應義塾大学）
1994 年～2004 年　名古屋工業大学非常勤講師
2005 年～2018 年　東海大学教授
現在　モリモトラボ代表

著書『電気自動車』（森北出版）で 2011 年(社)電気学会第 67 回電気学術振興賞著作賞を受賞.

編集担当　藤原祐介(森北出版)
編集責任　富井　晃(森北出版)
組　　版　ウルス
印　　刷　エーヴィスシステムズ
製　　本　協栄製本

入門 モータ設計

2022 年 3 月 1 日　第 1 版第 1 刷発行
2024 年 7 月 5 日　第 1 版第 2 刷発行

著　　者　森本雅之
発 行 者　森北博巳
発 行 所　**森北出版株式会社**
東京都千代田区富士見 1–4–11（〒102–0071）
電話 03–3265–8341／FAX 03–3264–8709
https://www.morikita.co.jp/
日本書籍出版協会･自然科学書協会　会員
JCOPY ＜(一社)出版者著作権管理機構 委託出版物＞

落丁･乱丁本はお取替えいたします.

Printed in Japan／ISBN978–4–627–74441–7